工信精品**网络技术**
系列教材

Network Technique

微课版

计算机网络技术

（基于 Debian）

吴燕 ◉ 主编

唐燕雯 段小斌 吴琛宗 陈春艳 ◉ 副主编

人民邮电出版社

北 京

图书在版编目（CIP）数据

计算机网络技术 ： 基于 Debian ： 微课版 / 吴燕主编. -- 北京 ： 人民邮电出版社，2025. --（工信精品网络技术系列教材）. -- ISBN 978-7-115-66411-2

Ⅰ. TP393

中国国家版本馆 CIP 数据核字第 2025AT5941 号

内 容 提 要

本书以实际项目为导向，介绍计算机网络技术的基本知识、基本方法和基本技能。全书共 6 个项目，包括认识计算机网络、规划 IP 地址、组建小型局域网、应用互联网技术、配置网络操作系统 Debian 和维护网络安全。每个项目包含多个任务，每个任务包含任务描述、任务分析、知识准备、任务实施、任务拓展和习题 6 个环节。

本书内容讲解透彻，具有较强的实用性，可以作为高等职业院校、中等职业学校计算机网络技术专业及其他计算机相关专业的教材，也可以作为全国职业院校技能大赛"网络建设与运维"和"网络系统管理"赛项的备赛资料。

- ◆ 主　　编　吴　燕
　　副主编　唐燕雯　段小斌　吴琛宗　陈春艳
　　责任编辑　顾梦宇
　　责任印制　王　郁　焦志炜
- ◆ 人民邮电出版社出版发行　　　北京市丰台区成寿寺路 11 号
　　邮编　100164　电子邮件　315@ptpress.com.cn
　　网址　https://www.ptpress.com.cn
　　北京天宇星印刷厂印刷
- ◆ 开本：787×1092　1/16
　　印张：12.25　　　　　　　　　　2025 年 4 月第 1 版
　　字数：325 千字　　　　　　　　2025 年 4 月北京第 1 次印刷

定价：49.80 元

读者服务热线：(010)81055256　印装质量热线：(010)81055316
反盗版热线：(010)81055315

前　言

网络技术广泛应用于各个领域，深刻地影响着每个人的工作和生活。"计算机网络技术"作为相关专业的专业基础课，不仅要求学生掌握计算机网络的基础知识和基本技能，还注重培养学生的实践能力。因此，本书以"技能为主，理论够用"为原则进行编写，在向读者介绍计算机网络技术的同时，也向读者提供获取新知识的方法和途径，实现"学中用"和"用中学"。全书共 6 个项目、15 个任务，各任务均来源于典型网络工程实例，训练内容涵盖计算机网络的基本原理和概念、组网技术、网络应用（互联网应用）、网络操作系统、网络安全技术等，旨在提高学生解决工作和生活中的实际问题的能力。

本书的参考学时为 48 学时，建议采用"理实一体化"教学模式，具体学时分配见学时分配表。

学时分配表

项目	课程内容		学时	
项目一	认识计算机网络	任务 1 绘制网络拓扑图	4	8
		任务 2 认识计算机网络体系结构	2	
		任务 3 认识数据通信技术	2	
项目二	规划 IP 地址	任务 1 计算 IPv4 地址	6	8
		任务 2 配置 IPv6 地址	2	
项目三	组建小型局域网	任务 1 组建家庭网络	4	8
		任务 2 组建小型无线、有线一体化办公网络	4	
项目四	应用互联网技术	任务 1 设置网络接入互联网	4	6
		任务 2 设置互联网应用	2	
项目五	配置网络操作系统 Debian	任务 1 安装和部署 Debian 操作系统	4	12
		任务 2 搭建 DNS 服务	4	
		任务 3 搭建 Web 服务	4	
项目六	维护网络安全	任务 1 安装和配置杀毒软件	2	6
		任务 2 入侵防范	2	
		任务 3 系统备份与恢复	2	
学时总计			48	

由于编者水平和经验有限，书中难免有欠妥之处，恳请读者批评指正。

编　者

2025 年 2 月

目　　录

项目五

配置网络操作系统 Debian ···················· 118

项目一
认识计算机网络

01

计算机网络是计算机技术和通信技术密切结合的产物，为人们提供浏览和发布信息、通信和交流、休闲和娱乐、资源共享、电子商务、远程协作、网上办公的平台，是信息服务的基础设施。

本项目要求了解计算机网络的定义、组成、分类，以及常见的网络拓扑类型；掌握计算机网络体系结构与参考模型，以及主要协议，通过真实的任务训练完成网络拓扑图的绘制，使用抓包软件分析网络协议，通过计算机技术与软件专业技术资格（水平）考试中的数据通信相关真题练习了解数据通信基础知识。

【项目描述】

某集团的总公司在深圳市，在杭州市开设了分公司，为了实现快捷的信息交流和资源共享，需要构建统一网络，整合公司所有相关业务流程。公司采用单核心的网络架构的网络接入模式，路由器（Router）通过接入城域网专用链路传输业务数据流。总公司使用路由器接入互联网和城域网专用网络，分公司的内部网络用户采用无线接入方式访问网络资源。某集团的网络拓扑图如图 1-1 所示。

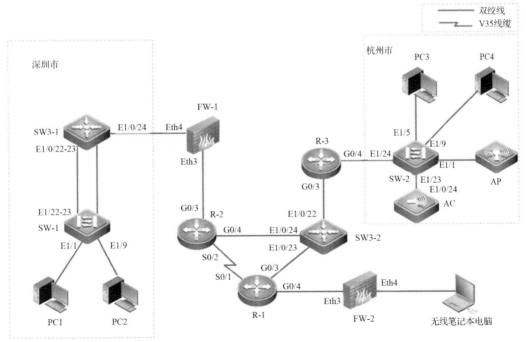

图 1-1　某集团的网络拓扑图

【知识梳理】

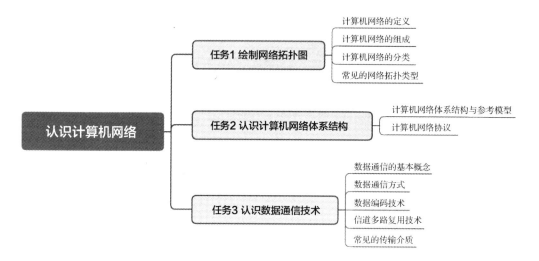

【项目目标】

知识目标	技能目标	素养目标
了解计算机网络的定义、分类	1. 能够阐述计算机网络的定义和分类 2. 能够列举计算机网络在生活中的应用	养成主动学习、独立思考的习惯
了解5种常用网络拓扑结构	1. 能够辨别5种常用的网络拓扑结构 2. 能够列举5种常用网络拓扑结构的应用场景 3. 能够识读网络拓扑图 4. 能够熟练使用Visio绘制网络拓扑图	培养理论联系实际的能力
掌握OSI、TCP/IP参考模型各层名称和功能	1. 能够阐述OSI、TCP/IP两种参考模型的区别与联系 2. 能够简述两种参考模型各层的功能	培养诚信、严谨的工作态度
掌握TCP/IP协议族包含的协议名称和功能	1. 能够阐述TCP/IP协议族中主要网络协议的作用 2. 能够使用Wireshark等抓包工具抓取数据包并进行分析	养成维护国家网络安全的意识
了解数据通信的基本概念、数据通信方式、数据编码技术、信道多路复用技术、常见的传输介质	1. 能够根据二进制数据流绘制曼彻斯特编码和差分曼彻斯特编码的波形图 2. 能够根据曼彻斯特编码和差分曼彻斯特编码的波形图推断出实际传送的二进制数据流 3. 能够列举常见的传输介质	培养科学、严谨的精神

任务1 绘制网络拓扑图

建议学时：4学时。

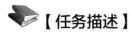

【任务描述】

拓扑是指网络的布局，网络中各个节点连接的物理结构或逻辑结构都显示在网络拓扑图中。网络拓扑图可帮助信息技术管理员了解网络的不同元素以及每个元素的连接位置。精心设计的网络拓扑图可以帮助网络管理员快速排除故障、解决问题。

通过学习计算机网络的相关知识及网络拓扑类型，学会使用 Visio 绘制集团网络拓扑图。

【任务分析】

网络拓扑图是计算机网络的物理结构和逻辑结构的体现，能够识读网络拓扑图是绘制网络拓扑图的前提。识读网络拓扑图时，首先需要辨别计算机网络拓扑结构是哪种类型，分析图中的各个节点代表什么设备、在网络中的作用是什么、一般用什么图标表示；其次需要了解网络拓扑图中各节点之间使用什么传输介质连接网络，传输速率是多少。

【知识准备】

1.1.1 计算机网络的定义

计算机网络是指通过通信设备将分布在不同地理位置的多台计算机使用传输介质连接起来，以实现资源共享和数据通信的系统。

计算机网络的发展可以划分为 4 个阶段。第 1 阶段是 20 世纪 50 年代，该阶段将彼此独立发展的计算机技术与通信技术结合起来，形成以单台计算机为中心的远程联机系统。第 2 阶段是 20 世纪 60 年代，该阶段计算机开始进行互联，多台独立的计算机通过线路互联构成计算机网络，但是计算机没有网络操作系统。20 世纪 60 年代后期，阿帕网（Advanced Research Projects Agency Network，ARPANet）投入使用，并成为现代计算机网络诞生的标志，也是互联网的前身。第 3 阶段是 20 世纪 70 年代至 20 世纪 80 年代，各计算机生产商纷纷发展自己的计算机网络，提出了各自的网络协议标准，以太网（Ethernet）即产生于该时期。与此同时，为了解决计算机联网与互连标准化问题，国际标准化组织提出了开放系统互连协议体系。第 4 阶段是互联网应用、无线网络、对等网络与网络安全技术的发展阶段，从 20 世纪 90 年代开始。

我国计算机网络发展起步较晚，但通过科研人员艰苦卓绝的奋斗，目前我国的计算机网络已达到国际前沿水平。我国在 5G 网络技术上处于领先地位，5G 技术被认为是未来的重要基础设施，并具有广泛的应用场景，包括自动驾驶、智能家居等。

1.1.2 计算机网络的组成

计算机网络包含 3 个要素，分别是硬件、软件和协议。

1. 硬件

硬件指计算机网络硬件系统，包括计算机、通信设备和传输介质。

（1）计算机指网络中的各种计算机，包括服务器、台式计算机、笔记本电脑、手机、自动取款机（Automatic Teller Machine，ATM）、自动售票机等。

（2）通信设备指能够进行通信和传递信息的设备。按照通信方式，通信设备可以分为有线通信设备和无线通信设备；按照设备类型，通信设备可以分为电话设备、网络设备、传真设备等。其中，主流的网络设备主要有路由器、交换机、负载均衡器、防火墙等。

（3）传输介质分为有线介质和无线介质。常用的有线介质主要有光纤、双绞线、同轴电缆，常用的无线介质有无线电波、微波和红外线。

2. 软件

软件指计算机网络软件，包括操作系统、网络应用软件和网络管理软件。

（1）操作系统是安装在计算机、网络设备等各种设备上的软件。操作系统有 Windows、Linux、UNIX、鸿蒙 OS、iOS、Android 等。

（2）网络应用软件指能够为网络用户提供各种服务的软件。即时通信软件有微信、QQ、微博等，电子邮件客户端有 Foxmail、Microsoft Outlook 等，浏览器有 Firefox、谷歌浏览器、360 安全浏览器等，在线娱乐平台有网易云音乐、爱奇艺、腾讯游戏等。此外，还有很多其他的应用软件。

（3）网络管理软件用于监控和管理网络的运行状态，包括网络设备的配置、网络流量的监控、故障的诊断和修复等。常见的网络管理软件有 Wireshark、Nmap 等。

3. 协议

协议指网络通信协议，是一组规则、标准或约定，用于在计算机网络中确保不同设备和系统之间能够有效地进行数据交换和通信。协议由 3 个要素组成：语义、语法和时序。常见的协议有 TCP/IP（Transmission Control Protocol/Internet Protocol）、路由协议、以太网点到点协议（Point-to-Point Protocol over Ethernet，PPPoE）等。

1.1.3 计算机网络的分类

计算机网络可以按几种不同的方式进行分类。

（1）按网络的覆盖范围，可以将计算机网络分为局域网（Local Area Network，LAN）、城域网（Metropolitan Area Network，MAN）和广域网（Wide Area Network，WAN），三者的区别如表 1-1 所示。

表 1-1　局域网、城域网与广域网的区别

项目	局域网	城域网	广域网
覆盖范围	10km 以内	10～100km	几百到几千 km
主要协议标准	IEEE 802.3	IEEE 802.6	点到点协议（Point-to-Point Protocol，PPP）
终端组成	计算机	计算机或局域网	计算机、局域网、城域网
特点	连接范围小、用户数少、配置简单	实质上是一个大型的局域网，传输速率高、技术先进、安全	主要提供面向通信的服务，覆盖范围广、通信距离远、技术复杂

（2）按网络数据的传输方式，可以将计算机网络分为广播网络和点到点网络。广播网络中，所有联网计算机共享一个通信通道，它们可以同时发送和接收数据，一台设备发送的数据包可以被其他所有设备接收。点到点网络则是指两台设备之间直接进行通信，而不是通过共享网络通道进行通信。在点到点网络中，两台设备之间建立直接连接，它们只能通过该连接进行通信。广播网络适用于大规模网络或者一对多通信场景，如广播电视、群发邮件等。点到点网络适用于直接通信场景，如电话通信、文件传输等。

（3）按网络组件的关系，可以将计算机网络分为对等网络和基于服务器的网络。对等网络中没有专用的服务器，所有计算机的地位平等，每台计算机既是服务器又是客户端。基于服务器的网络中，资源和服务由一台或多台专用服务器来管理和提供，客户端通过网络连接到服务器，请求和接收所需的资源及服务。

1.1.4 常见的网络拓扑类型

在计算机网络中，网络拓扑结构（通常简称网络拓扑）是指传输介质把计算机等各种设备互相连接起来的物理布局。常见的网络拓扑类型有总线型、星形、环形、树状和网状，其对比如表 1-2 所示。

表 1-2 5 种网络拓扑类型的对比

项目	总线型	星形	环形	树状	网状
特点	所有节点直接连接到一条物理链路上，除此之外，节点间不存在任何其他连接；每一个节点可以收到来自其他任何节点所发送的信息	各节点以中央节点为中心，以点到点的方式连接；节点之间的数据通信要通过中央节点	节点与链路构成一个闭合环，每个节点只与相邻的两个节点相连；每个节点必须将信息转发给下一个相邻的节点	由多个层次的星形结构纵向连接而成，每个节点都是计算机或转接设备	一种复杂的拓扑结构，其中每个节点都与其他节点直接连接，节点之间可以通过多条路径进行通信
优点	简单、易于实现	结构简单、管理方便、可扩充性强、组网容易	简单、易于实现、传输时延确定	易于扩展、故障隔离较容易	具有较高的可靠性、灵活性、安全性、可扩展性和适应性
缺点	可靠性和灵活性差、传输时延不确定	中央节点成为全网可靠性的关键	维护与管理复杂	各个节点对根节点的依赖性太大	建设成本、复杂性、依赖性、不稳定性较高
应用场景	广播网络	家庭网络、网吧网络、学校机房网络等小型局域网	工业控制系统、使用光纤分布式数据接口（Fiber Distributed Data Interface，FDDI）技术的城域网	大型企业网络、学校网络等大型局域网	大型网络，如互联网、公司内部网络、政府机构的网络

【任务实施】绘制集团网络拓扑图

本任务绘制的集团网络拓扑图包含路由器（R-1、R-2、R-3）、防火墙（FW-1、FW-2）、三层交换机（SW3-1、SW3-2）、二层交换机（SW-1、SW-2）、无线控制器（Access Controller，AC）、无线接入点（Access Point，AP）、计算机（PC1、PC2、PC3、PC4、无线笔记本电脑）等网络设备，以及传输线缆（双绞线、V35 线缆）。

绘制集团网络
拓扑图

绘图之前需要先了解各网络设备的作用，以及它们之间的连接方式。集团内部二层交换机的作用是下联计算机终端，将数据汇聚到三层交换机并进行数据转发和过滤，AC 和 AP 用于搭建无线网络，在网络边界使用防火墙隔离内外部网络，外部网络的路由器则进行路由选路。绘制网络拓扑图的工具有多种，绘制简单的网络拓扑图时可使用 PowerPoint、Word 等；绘制复杂且较专业的网络拓扑图时需要使用更专业的绘制软件，如 Microsoft Visio（下文简称 Visio）等。

Visio 是微软公司开发的图表设计软件，用户可以在其中设计流程图、甘特图、逻辑图和思维图等。Visio 内置丰富的设计工具，并融合了大部分 Office 的功能，适用于办公场景，企业员工可以在自己熟悉的 Office 环境下轻松、直观地创建各式各样的图表。

使用 Visio 绘制网络拓扑图的步骤如下。

步骤 1：安装 Visio。下面将介绍安装 Visio 的两种方法。

方法 1：上网搜索并下载 Microsoft Visio 2019 安装程序，根据指引安装，需要激活账号以正常使用。

方法 2：登录 Microsoft Visio 官方网站，单击"查看计划和定价"按钮，付费购买使用服务或者申请免费试用一个月。申请试用时，按照提示输入个人信息和邮箱（邮箱一定要能正常登录使用），激活试用账号，即可试用云 Visio。

安装完成的云 Visio 主界面如图 1-2 所示，本地安装的 Visio 2019 主界面如图 1-3 所示。需要说明的是，本任务以本地安装的 Visio 2019 为例进行步骤详解。

图 1-2　安装完成的云 Visio 主界面

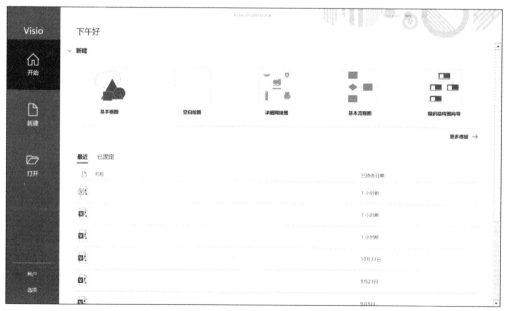

图 1-3　本地安装的 Visio 2019 主界面

步骤 2：启动 Visio 2019。选择"开始"→"所有程序"→"Visio 2019"选项，启动 Visio 2019，进入其主界面。

步骤 3：选择模板绘制网络拓扑图。在主界面中选择"详细网络图"模板，进入"详细网络图"绘制界面，如图 1-4 所示。

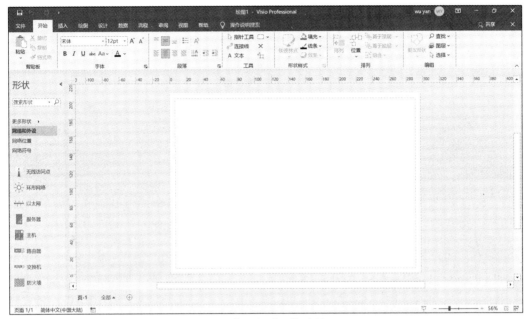

图 1-4 "详细网络图"绘制界面

此时发现白色的画布比较小，可选择"设计"→"大小"→"其他页面大小"选项，在弹出的"页面设置"对话框中对画布大小进行调整，如图 1-5 所示。

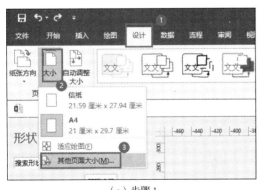

（a）步骤 1

（b）步骤 2

图 1-5 调整画布大小

步骤 4：绘制图标。Visio 2019 自带图标库。图标库位于主界面左侧的"形状"组中，其中有"网络和外设""网络位置""网络符号"等模具，可逐一打开查看，并选择合适的图标。

如使用"路由器"图标，可选择"开始"→"形状"→"网络和外设"选项，选择"路由器"图标并按住鼠标左键将其拖动至画布中，如图 1-6 所示。也可联网搜索"网络设备图标"，许多网络设备厂商提供了可编辑的 PowerPoint 和 Word 图标集，挑选符合自己要求的图标使用即可。

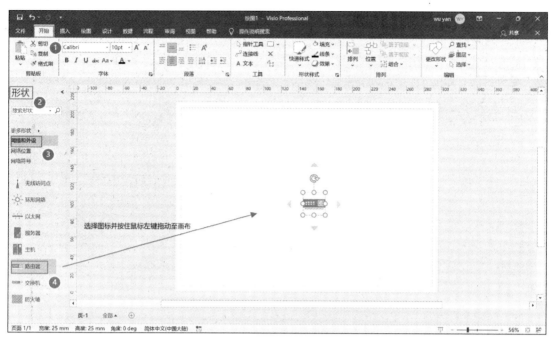

图 1-6　添加软件自带的图标

使用 PowerPoint 和 Word 图标集中的图标时，选择图标并复制、粘贴至画布中后，调整图标的方向和大小。选择图标，图标四周出现控制点、旋转图标和 4 个方向箭头，按住鼠标左键的同时旋转图标顶部的旋转图标以改变图标的方向；将鼠标指针放在控制点上，按住鼠标左键拖动，可调整图标的大小。本任务的网络拓扑图需要使用的所有图标如图 1-7 所示。

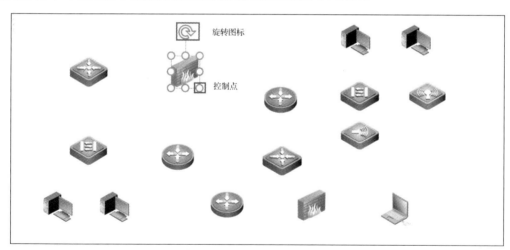

图 1-7　本任务的网络拓扑图需要使用的所有图标

步骤 5：绘制连接线。设备间的连接线代表传输介质。绘制连接线的常用工具有两种，分别是连接线和线条。

默认的连接线是直角连接线，直线或曲线样式的连接线可以优化版式。选择"连接线"工具，在第一个图标上按住鼠标左键，拖动鼠标指针至第二个图标，在该过程中会出现绿色的矩形框，提示操作对象。连接线自带箭头，选中连接线后右击，在弹出的快捷菜单中选择"直线连接线"命令。

推荐使用"线条"工具进行画线。选择"开始"→"工具"→"线条"选项，如图 1-8 所示，在画布中按住鼠标左键进行拖曳，即可成线。如果线段画短了，则可单击"指针工具"按钮，选择线段进行拉伸；如果需要移动线段，则可按住 Alt 键拖动线段。使用键盘上的方向键可对线段进行位置调整，还可调整线段的颜色、粗细、虚实等，如图 1-9 所示。相同类型的线段不用重复绘制，使用复制、粘贴功能即可。

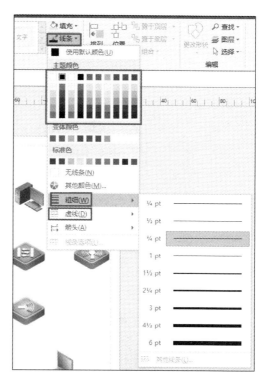

图 1-8　选择"线条"选项　　　　图 1-9　调整线段的颜色、粗细、虚实等

在图 1-7 的基础上绘制连接线，效果如图 1-10 所示。

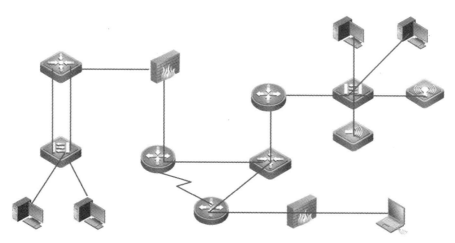

图 1-10　绘制连接线

观察图 1-10 可发现，连接线遮挡了图标，影响美观，这时可以使用图层原理使图标覆盖连接线。

单击"指针工具"按钮，选择图标（按住 Ctrl 键可同时选中多个图标），选择"置于顶层"→"置于顶层"选项，如图 1-11 所示，图标调整后的效果如图 1-12 所示。

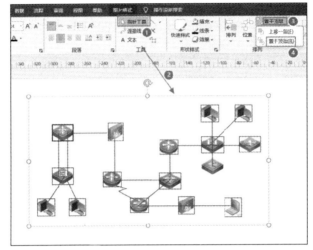

图 1-11　图标覆盖连接线的操作

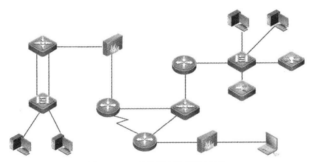

图 1-12　图标调整后的效果

步骤 6：添加说明文字。选择"文本"工具，在要插入文字的地方使用鼠标左键拖曳出一个文本框，在文本框内输入文字。单击"指针工具"按钮选中文字，设置文字样式，如图 1-13 所示。建议设置字体为"微软雅黑"或者"黑体"，字号为"12pt"（也可根据画面大小进行调整）。还可以使用"指针工具"对文字的位置进行调整。若想修改文本内容，则选择文本框后双击即可。

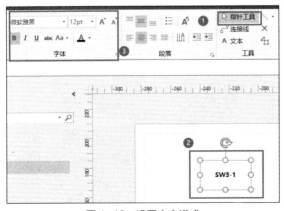

图 1-13　设置文字样式

为网络拓扑图添加文字后的效果如图 1-14 所示。

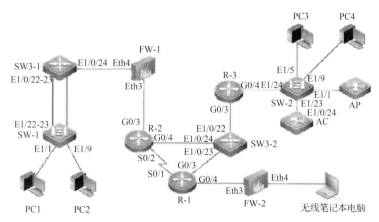

图 1-14　为网络拓扑图添加文字后的效果

步骤 7：进行区域划分。对网络拓扑图进行区域划分可更好地展示网络结构。区域划分的思路是添加一个矩形，矩形的填充颜色为"无填充"、边框为"虚线"。

步骤 8：添加标题、图例、区域说明文字。图例是对网络拓扑图中线缆类型的说明。

步骤 9：保存文件。Visio 2019 的默认文件扩展名为.vsdx，此扩展名对应的文件可被再次编辑，也可被转换为图片。

最终效果如图 1-1 所示。

【任务拓展】绘制校园网络拓扑图

请参照图 1-15 绘制校园网络拓扑图。

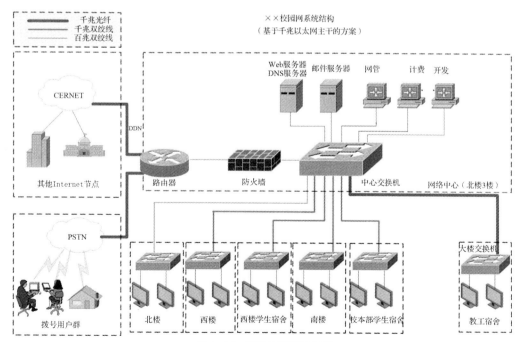

图 1-15　某校园网络拓扑图

【习题】

一、应知

（1）世界上第一个计算机网络是（　　　）。

    A．ARPANet   B．Internet   C．CERNET   D．ChinaNet

（2）学校办公室网络属于（　　　）。

    A．局域网   B．城域网   C．广域网   D．互联网

（3）计算机网络的目标是实现联网计算机系统的（　　　）。

    A．硬件共享   B．软件共享   C．数据共享   D．资源共享

（4）广域网通常使用的网络拓扑类型是（　　　）。

    A．星形   B．树状   C．环形   D．网状

二、应会

（1）在教师的指导下参观学校实训室或数据中心机房，分析机房的网络结构并绘制网络拓扑图。

（2）阐述5种网络拓扑类型的特点，并结合实际应用场景分析其使用了哪种网络拓扑类型。

任务2　认识计算机网络体系结构

建议学时：2学时。

【任务描述】

计算机网络是一个非常复杂的系统，网络中的所有设备必须遵循一定的标准和协议才能协调一致地工作。计算机网络体系结构为网络硬件、软件、协议、存取控制和拓扑提供了标准。要实现网络的互联互通，必须通过传输介质将网络设备相连，并通过TCP/IP参考模型规划和配置网络。试结合TCP/IP体系结构知识分析图1-1所示的网络拓扑结构，分析网络设备路由器、交换机和防火墙在网络体系结构的哪一层，以及它们分别有什么作用。

TCP/IP体系结构有非常广泛的应用，通过学习使用Wireshark抓包软件抓取数据包，可了解TCP/IP体系结构的分层结构理念及TCP/IP协议族中的重要协议。

【任务分析】

掌握计算机网络的体系结构是学习计算机网络的重中之重。本任务要求了解计算机网络体系结构的分层结构理念，知道有哪些主要的网络体系结构参考模型，了解参考模型之间的区别和联系，掌握参考模型每层结构的名称、作用及各层包含哪些网络协议。

【知识准备】

1.2.1　计算机网络体系结构与参考模型

1．计算机网络体系结构的概念

计算机网络体系结构简称网络体系结构，是计算机网络的各层及其协议的集合，其目标是为不

同的计算机之间的互联和交互操作提供相应的规范及标准，从而规范操作行为。网络体系结构采用分层结构，规定各层要做的事（服务），各层提供层与层之间相互通信的逻辑接口，按序调用服务。网络体系结构是抽象的。

2. 网络体系结构的参考模型

典型的网络体系结构参考模型有开放系统互连（Open System Interconnection，OSI）参考模型和TCP/IP 参考模型。国际标准化组织（International Organization for Standardization，ISO）颁布了 OSI参考模型，制定了 7 个层次的功能标准、通信协议及各种服务。OSI 参考模型的实现比较复杂，随着计算机的发展，最终形成了较为完善的 TCP/IP 体系结构和协议规范。

TCP/IP 参考模型包含一系列构成互联网基础的网络协议，是互联网的核心协议。TCP/IP 参考模型分成 4 个层次。

表 1-3 概括了 OSI 参考模型与 TCP/IP 参考模型各层的对照关系。

表 1-3　OSI 参考模型与 TCP/IP 参考模型各层的对照关系

OSI 参考模型		TCP/IP 协议族					TCP/IP 参考模型
第 7 层	应用层	FTP、Telnet 协议、电子邮件协议（SMTP、POP3、IMAP4）、NFS、SNMP、HTTP、DNS 协议					应用层
第 6 层	表示层						
第 5 层	会话层						
第 4 层	传输层	TCP				UDP	传输层
第 3 层	网络层	IP	ICMP	IGMP	ARP	RARP	网际层
第 2 层	数据链路层	IEEE 802.3	FDDI	HDLC	ATM	PPP	网络接口层
第 1 层	物理层						

从表 1-3 可以看出，两种参考模型的层次结构划分思想相同，总体层次结构相似，核心组成一样。实际应用中，OSI 参考模型方便理论学习；TCP/IP 参考模型更具实践性，广泛应用在 TCP/IP网络中。

以 OSI 参考模型为例，详细介绍各层的任务和功能，如表 1-4 所示。

表 1-4　OSI 参考模型中各层的任务和功能

OSI 参考模型各层	任务	功能	数据单元	工作在各层的典型设备
第 7 层 应用层	提供系统与用户交互的接口	1. 文件访问 2. 访问控制 3. 电子邮件服务	报文（Message）	计算机
第 6 层 表示层	负责在两个通信系统（二者的内部数据的表示结构不同）之间交换信息时，转换信息的表示格式，为数据加密和解密以及提高传输效率提供必需的数据压缩以及解压等功能	提供数据格式化的表示和格式转换服务	报文	
第 5 层 会话层	管理不同主机上各进程间的对话	管理主机间的会话进程，包括建立、管理以及终止进程间的会话，是一种端到端的服务	报文	

续表

OSI 参考模型各层	任务	功能	数据单元	工作在各层的典型设备
第4层 传输层	负责主机中两个进程间的通信	1. 为端到端连接提供可靠服务 2. 为端到端连接提供流量控制、差错控制、服务质量管理等服务	TCP 的数据单元称为段（Segment），UDP 的数据单元称为数据报（Datagram）	防火墙
第3层 网络层	选择合适的路由，使传输层传输来的分组能够交付到目标主机	1. 为传输层提供服务 2. 组包和拆包 3. 拥塞控制	数据包（Packet）	路由器
第2层 数据链路层	将网络层传输来的 IP 数据包封装成帧	1. 链路连接的建立、拆除和分离 2. 帧定界和帧同步 3. 差错检测	帧（Frame）	交换机、网桥
第1层 物理层	传输比特流	为数据终端设备提供传输数据的通路	比特（Bit）	集线器、中继器

3. 网络体系结构的数据通信过程

在网络体系结构中，数据通信的过程是发送端自上而下传输数据，接收端自下而上接收数据。接下来以 OSI 参考模型为例介绍发送端和接收端进行数据通信的过程，主机之间通信的数据流如图 1-16 所示。发送端发送数据时，数据从应用层向物理层逐层传输并进行数据封装，封装过程好比"快递打包"，即每经过一层都要对数据添加一个信息头部，最终形成二进制的数据，在物理介质之间传输，中间经过的节点路由器好比"快递中转站"。数据到达接收端后，封装的数据要从物理层向应用层逐层解封装，即逐层去掉信息头部，解封装过程好比"快递拆封"。

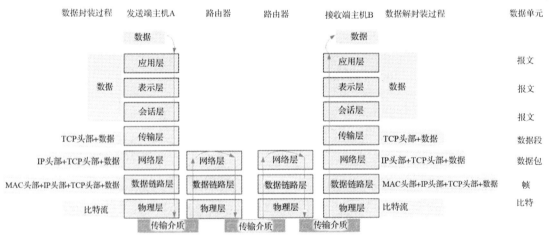

图 1-16　OSI 参考模型中主机之间通信的数据流

1.2.2　计算机网络协议

1. 网络协议的概念

网络协议是计算机网络中实体之间有关通信规则和约定的集合。网络协议三要素分别是语法

（Syntax）、语义（Semantics）和时序（Timing）。其中，语法规定了通信时的信息格式，包括数据格式、编码及信号电平等；语义说明了通信双方应当怎么做，包括用于协议和差错处理的控制信息；时序说明了通信双方操作的执行步骤和顺序，包括排序和速度匹配。正确的网络协议三要素使得发送方和接收方能够在网络中准确且有效地交换信息。

2. TCP/IP 协议族

TCP/IP 参考模型中各层协议的集合统称为 TCP/IP 协议族。TCP/IP 不单单是指 TCP 和 IP 这两种协议，还包括 UDP、FTP、HTTP 等一系列协议，只是因为 TCP 和 IP 这两种协议最具有代表性，所以称其为 TCP/IP。TCP/IP 协议族的主要协议如图 1-17 所示。

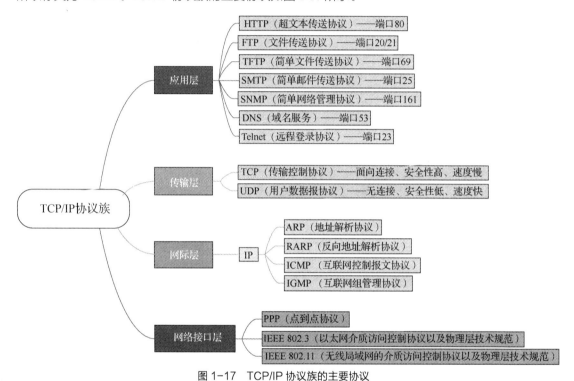

图 1-17　TCP/IP 协议族的主要协议

TCP/IP 协议族包含应用层、传输层、网际层和网络接口层 4 个层次的协议。

（1）应用层。应用层为应用程序提供服务，不同的程序会根据自身的需要选择应用层中不同的协议。在该层上，端口即服务。例如，计算机开放 80 端口，说明该计算机开启了 HTTP 服务，允许用户访问网页。

要获取远程计算机中的信息资料，需要用到 Telnet 协议；要从远程计算机传输文件，需要用到 FTP。

（2）传输层。传输层主要包含 TCP 和 UDP 两大协议。TCP 是一种可靠的、安全的、一对一的面向连接的通信协议，其在通信前会通过 TCP 3 次握手建立通道，然后才实现客户端和服务器的一对一传输。UDP 是一种无连接的通信协议，其在通信前不会建立通道，即其只管发送信息，而不管对端是否收到信息。

（3）网际层。网际层主要处理机器之间的通信问题，其接收来自传输层的通信请求，传输某个具有目的地址信息的分组。该层有 3 个主要功能：把分组封装到 IP 数据包中，把数据包直接送到目标主机或路由器，再把数据包交给网络接口层中对应的网络接口模块。

IP 是 TCP/IP 协议族中最核心的协议，其可以为互联网上的每一台主机提供一个逻辑地址（用于标识主机），主机之间使用逻辑地址进行通信。同时，其可以根据数据包携带的目的 IP 地址为数据包寻找最合适的路径到达目标主机，但是并不能保证一定送达。ICMP 主要用来检查网络是否通畅和追踪链路信息，ping（Packet Internet Groper）和 tracert（Trace Router）命令就是根据该协议检查网络是否通畅和追踪链路信息的。ARP 根据 IP 数据包中的 IP 地址信息解析出目标的介质访问控制地址（Medium Access Control Address，MAC 地址，也称物理地址），以保证通信正常进行。

（4）网络接口层。网络接口层又叫作数据链路层，负责接收 IP 数据包。TCP/IP 不包含具体的物理层和数据链路层，只定义了网络接口层作为物理层与网络层的接口规范。

3. TCP 报文格式及 3 次握手

TCP 是 TCP/IP 协议族中的基础协议之一。图 1-18 展示了 TCP 报文格式。TCP 头部如果不计选项和填充字段，则通常是 20 字节。

TCP 头部	源端口（16bit）								目的端口（16bit）	
	seq序号（32bit）									
	ack确认序号（32bit）									
	数据偏移（4bit）	保留（6bit）	URG	ACK	PSH	RST	SYN	FIN	窗口（16bit）	
	检验和（16bit）								紧急指针（16bit）	
	选项								填充	
	数据									

图 1-18　TCP 报文格式

TCP 头部主要字段介绍如下。

（1）源端口和目的端口：这两个值加上 IP 头部中的源端 IP 地址和目的端 IP 地址，可以唯一确定一个 TCP 连接。

（2）seq 序号：当前报文段所发送的数据中第一个字节的序号。

（3）ack 确认序号：接收方期望收到的发送方下次发送的数据的第一个字节的序号，即下一个报文段头部中的 seq 序号。ack 确认序号应该是上次已成功收到数据字节序号+1。只有 ACK 标志为 1 时，ack 确认序号才有效。

（4）URG：当 URG=1 时，说明报文段应尽快传送，而不要按本来的队列次序来传送，与"紧急指针"字段共同使用。紧急指针指出在当前报文段中的紧急数据的最后一个字节的序号，使接收方可以知道紧急数据的长度。

（5）ACK：只有当 ACK=1 时，ack 确认序号才有效。连接建立后，所有发送的报文段的 ACK 必须为 1。

（6）PSH：当 PSH=1 时，接收方应该尽快将当前报文段传送给其应用层。

（7）RST：当 RST=1 时，表示出现连接错误，必须释放连接，然后重建传输连接。RST 还用来拒绝不合法的报文段或拒绝打开连接。

（8）SYN：SYN=1、ACK=0 时表示请求建立一个连接，携带 SYN 标志的 TCP 报文段为同步报文段。

（9）FIN：当 FIN = 1 时，表明当前报文段的发送方的数据已经发送完毕，并且发送方要求释放连接。

通过分析 TCP 3 次握手的过程，可帮助读者理解 TCP 报文头部各字段的作用。TCP 在连接的建立和断开过程中使用了 3 次握手和 4 次挥手，这是为了保证数据传输的可靠性。TCP 3 次握手的过程如图 1-19 所示。

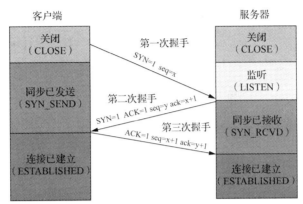

图 1-19　TCP 3 次握手的过程

第 1 次握手：客户端发送一个 TCP 连接请求报文段，标志位 SYN=1，代表客户端请求与服务器建立连接；序号字段 seq 设置初始值为 x，作为客户端所选择的初始序号。此时客户端进入 SYN_SEND 状态。

第 2 次握手：服务器接收到 TCP 连接请求报文段后，发送 TCP 连接请求确认报文段。在 TCP 连接请求确认报文段中，标志位 SYN=1、ACK=1；序号字段 seq 设置初始值为 y，作为服务器所选择的初始序号；确认序号字段 ack=x+1，表示服务器对客户端所选择的初始序号 seq 的确认。服务器此时进入 SYN_RCVD 状态。

第 3 次握手：客户端收到 TCP 连接请求确认报文段后，发送 TCP 确认报文段。在 TCP 确认报文段中，标志位 ACK=1，表明这是一个 TCP 确认报文段；序号字段 seq=x+1，这是因为客户端发送的 TCP 连接请求报文段中序号字段的初始序号是 x，所以其发送的 TCP 确认报文段中的序号字段变为 x+1；确认序号字段 ack=y+1，表示客户端对服务器所选择的初始序号的确认。此时，客户端进入 ESTABLISHED 状态；服务器收到客户端的 TCP 确认报文段后，也进入 ESTABLISHED 状态。

完成了 3 次握手后，客户端和服务器即可开始传送数据。

【任务实施】使用 Wireshark 抓包分析 TCP

使用 Wireshark
抓包分析 TCP

抓包（Packet Capture）就是对网络传输中发送与接收的数据包进行截获、重发、编辑、转存等操作，通常用于网络安全的检查。通过分析抓包软件捕获的网络数据包，可以深入了解网络协议、数据包结构、网络拓扑和流量分析等，提高个人的网络技能。免费且开源的抓包软件很多，如 Wireshark、Sniffer Pro、Hping 等。本任务学习使用 Wireshark 抓取数据包，通过分析捕获的网络数据包了解网络协议和数据包结构。

接下来，一起学习使用 Wireshark 抓包分析 TCP。

步骤 1：安装 Wireshark。接下来介绍安装 Wireshark 的两种方法。

方法 1：登录 Wireshark 官方网站，下载对应本机操作系统的版本，根据提示逐步安装。

方法 2：安装华为 eNSP 模拟器，该软件集成了 Wireshark。因为本书后续内容还会使用华为 eNSP 模拟器讲解路由器和交换机等网络设备，所以建议安装华为 eNSP 模拟器。

下载华为 eNSP 模拟器。eNSP 需要使用 Wireshark、VirtualBox 和 WinPcap 3 个组件。其软件包大体有两类，一类包含 eNSP Setup.exe、Wireshark.exe、VirtualBox.exe 和 WinPcap.exe，另一类包含集成了其他 3 个组件的 eNSP Setup.exe。eNSP 软件包的两类形式如图 1-20 所示。

图 1-20　eNSP 软件包的两类形式

安装没有集成组件的 eNSP 软件包时，需要先安装 Wireshark、VirtualBox 和 WinPcap，这 3 款软件安装的先后顺序没有要求；最后安装 eNSP Setup.exe。安装集成组件的 eNSP 软件包则只需运行 eNSP Setup.exe。不管 eNSP 软件包是哪种类型，安装过程中均根据提示单击"下一步"或"Next"按钮即可。其安装路径可自定义，但需要注意安装路径使用英文字母，不要出现中文和符号。安装 VirtualBox 过程中，弹出图 1-21 所示的对话框时，应选中"始终信任来自'Oracle Corporation'的软件"复选框。eNSP 安装成功后，计算机桌面上出现图 1-22 所示的快捷方式。

图 1-21　VirtualBox 安装对话框

图 1-22　eNSP 快捷方式

步骤 2：绘制网络拓扑图。在 eNSP 模拟器中绘制 TCP 3 次握手网络拓扑图，如图 1-23 所示，使用到的设备有一台客户端（Client1）、一台服务器（Server1）和一台二层交换机（LSW1）。其中，交换机连接服务器和客户端，并提供抓取数据包的接口。

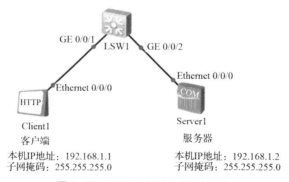

图 1-23　TCP 3 次握手网络拓扑图

双击 eNSP 快捷方式，启动 eNSP，单击■按钮，新建网络拓扑图。在 eNSP 的主界面中，主菜单包含"文件""编辑""视图""工具""帮助"等；中间的空白区域为工作区域，用于新建和显示网络拓扑图；工作区域左侧为网络设备区，其中提供了设备和线缆，可逐一打开查看。在主界面左侧单击 按钮，出现多种类型的终端，在"Client"图标上按住鼠标左键将其拖动到工作区域中；用相同的方法添加服务器和交换机。接下来连接设备。单击 按钮，选择"Auto"选项，依次单击两台设备，设备间自动选择线缆和接口连接。单击文本工具 ，在合适的区域中拖曳出一个文本框，对网络拓扑图做相关说明。单击 按钮，显示网络设备的所有接口标签，效果如图 1-24 所示。

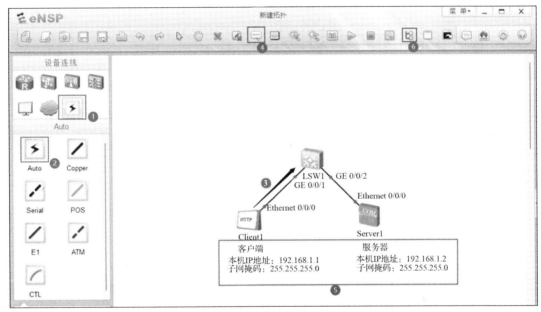

图 1-24　构建抓包拓扑图

步骤 3：配置设备。首先右击设备图标，在弹出的快捷菜单中选择"启动"命令，逐一启动所有设备；然后双击设备图标，在弹出的窗口中输入本机 IP 地址和子网掩码，设置客户端和服务器的 IP 地址，如图 1-25 和图 1-26 所示。

图 1-25　设置客户端的 IP 地址

图 1-26　设置服务器的 IP 地址

接下来设置服务器的 WWW 服务（HTTP 的重要应用之一）。设置 WWW 服务之前先创建 Web 服务器的主目录，在主目录下创建网页文件，如 D:\web\default.htm；然后双击服务器设备图标，在弹出的"HTTP Server"窗口中切换到"服务器信息"选项卡，选择"HttpServer"选项，单击▢▢按钮，在弹出的对话框中选择 Web 服务器的主目录，单击"启动"按钮，如图 1-27 所示。

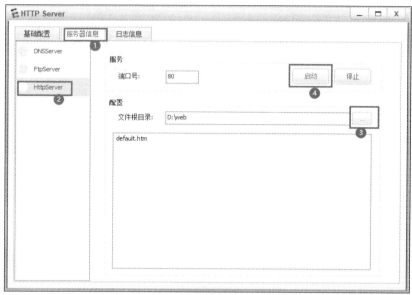

图 1-27　设置服务器的 WWW 服务

步骤 4：使用 Wireshark 抓取数据包。首先，右击交换机图标，在弹出的快捷菜单中选择"数据抓包"→"GE0/0/1"（该接口连接客户端）命令，启动 Wireshark，抓取流经 GE0/0/1 的数据。其次，双击客户端图标，在弹出的"Client1"窗口中切换到"客户端信息"选项卡，选择"HttpClient"选项，在地址栏处输入"http://192.168.1.2/default.htm"，单击"获取"按钮，此时弹出下载 default.htm 的对话框，说明客户端成功访问服务器的 WWW 服务，如图 1-28 所示。最后，单击桌面任务栏中的▢▢Capturing...按钮，返回 Wireshark 主窗口，单击 ▣ 按钮，停止抓包。

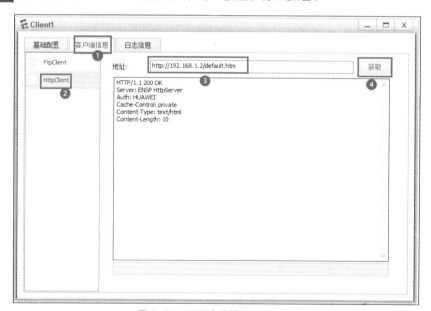

图 1-28　设置客户端连接服务器

步骤 5：分析数据包。Wireshark 主窗口如图 1-29 所示。

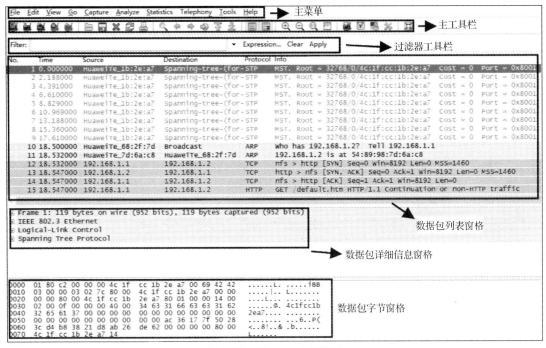

图 1-29　Wireshark 主窗口

数据包列表中包含每个抓取到的数据包的编号、时间戳、源地址、目的地址、协议以及数据包信息，如图 1-30 所示。

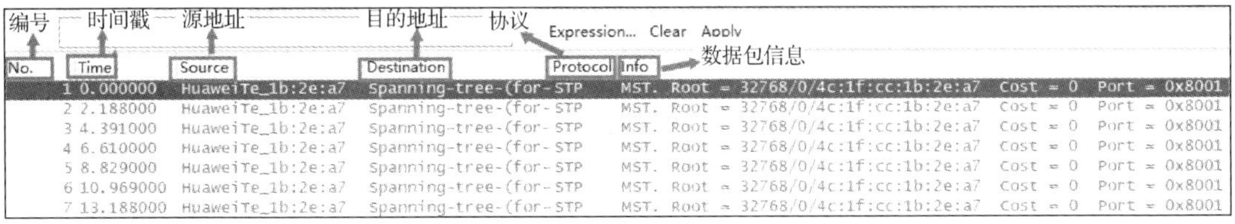

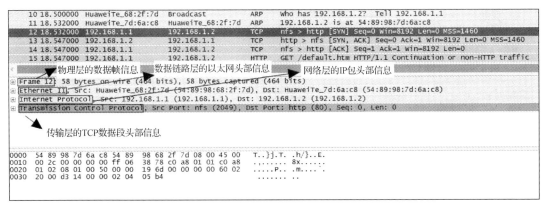

图 1-30　数据包列表

选择指定数据包，查看数据包信息，可看到协议中的各字段，如图 1-31 所示。

图 1-31　数据包信息

从 Wireshark 抓取的数据包可以看出，客户端连接服务器时进行了 TCP 3 次握手。TCP 第 1 次握手如图 1-32 所示。

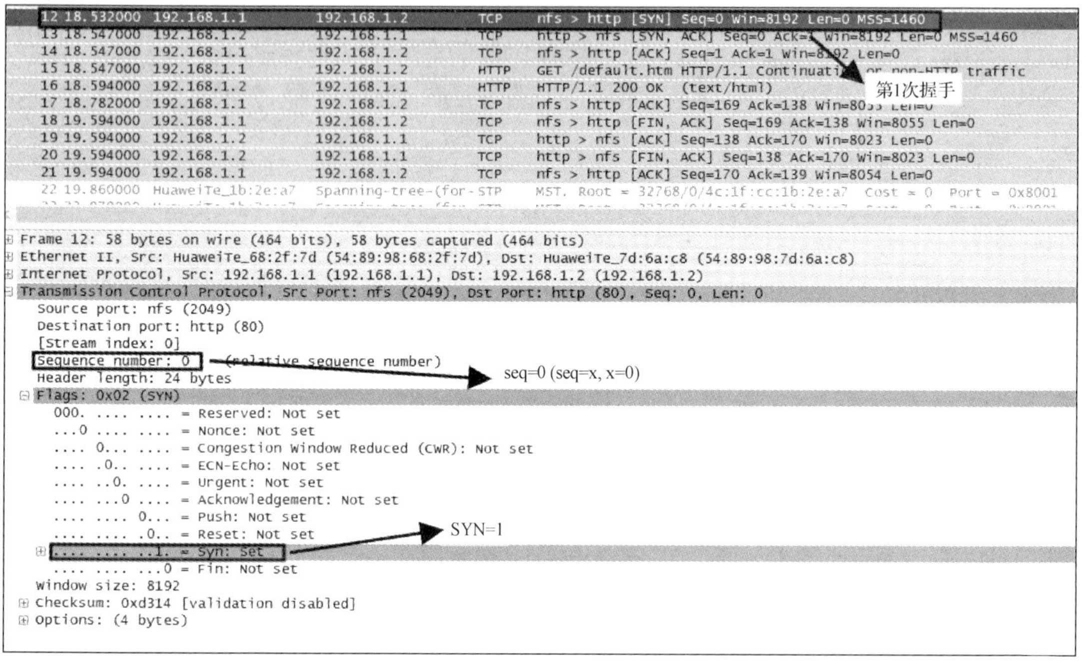

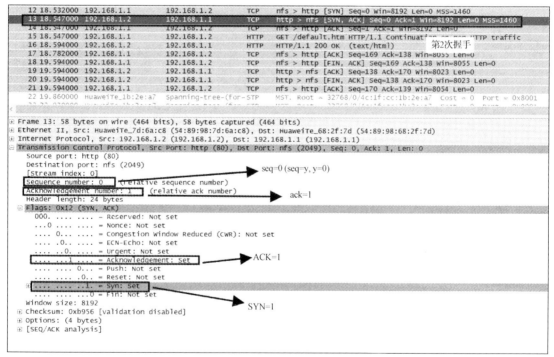

图 1-32　TCP 第 1 次握手

TCP 第 2 次握手如图 1-33 所示。

图 1-33　TCP 第 2 次握手

TCP 第 3 次握手如图 1-34 所示。

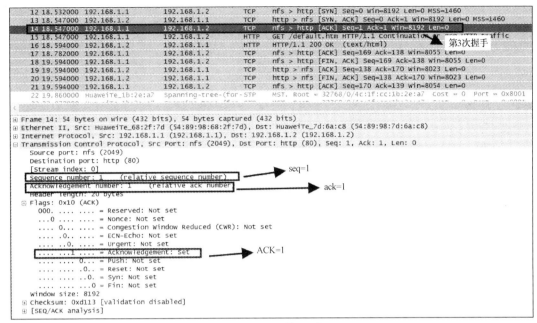

图 1-34　TCP 第 3 次握手

通过数据包分析，可看到数据包各层的信息头部、TCP 报文段中详细的字段信息。

【任务拓展】使用 Wireshark 抓包分析 HTTP

图 1-35 是使用 Wireshark 抓取的数据包中与 HTTP 相关的数据包，请在本次任务实施的基础上继续学习分析 TCP/IP 协议族中的 HTTP。

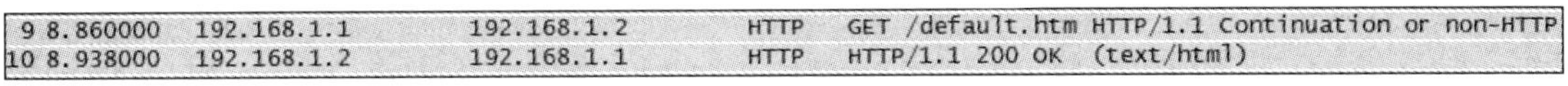

```
 9 8.860000  192.168.1.1      192.168.1.2      HTTP   GET /default.htm HTTP/1.1 Continuation or non-HTTP
10 8.938000  192.168.1.2      192.168.1.1      HTTP   HTTP/1.1 200 OK  (text/html)
```
图 1-35　使用 Wireshark 抓取的数据包中与 HTTP 相关的数据包

【习题】

一、应知

1. 选择题

（1）路由器工作在 OSI 参考模型中的（　　　）。

    A. 第 1 层　　　　　B. 第 2 层　　　　　C. 第 3 层　　　　　D. 第 3 层以上

（2）互联网使用的主要传输协议是（　　　）。

    A. POP3　　　　　B. TCP/IP　　　　　C. IPC　　　　　D. NetBIOS

（3）DNS 使用的端口号是（　　　）。

    A. 7　　　　　　　B. 9　　　　　　　C. 42　　　　　　D. 53

（4）HTTP 使用的端口号是（　　　）。

    A. 110　　　　　　B. 100　　　　　　C. 80　　　　　　D. 443

2．判断题

（1）在 TCP/IP 协议族中，UDP 工作在传输层，其可以为用户提供不可靠的、面向无连接的传输服务。 （　　）

（2）Web 服务使用的协议是 HTTP。 （　　）

（3）网络协议的三要素是语义、语法与层次结构。 （　　）

（4）TCP/IP 协议族中只有两种协议。 （　　）

二、应会

（1）简述 OSI 参考模型各层的名称及功能。

（2）简述 TCP/IP 参考模型各层的名称及功能。

（3）使用计算机连接互联网，访问网站（如 http://www.jd.com），使用 Wireshark 抓取并分析以太网适配器上的数据包。

任务 3　认识数据通信技术

建议学时：2 学时。

【任务描述】

数据通信是计算机之间或计算机与其他数据终端之间存储、处理、传输和交换信息的一种通信技术。本任务要求了解数据通信的基本概念、数据传输的技术指标、数据通信方式、数据编码技术、信道多路复用技术等理论知识，能够根据二进制数据流绘制曼彻斯特编码和差分曼彻斯特编码，能够根据曼彻斯特编码和差分曼彻斯特编码的波形推断出二进制数据流。结合图 1-1 分析该集团内部网络使用哪种数据通信方式，以及使用的传输介质的最大数据传输速率是多少。

【任务分析】

通信的目的是传递信息。在通信之前把想要告诉别人的信息表示成数据，因为数据是信息的载体，或者说数据是运送信息的实体。准备好数据以后，如何在不同的计算机之间、计算机和通信系统之间、通信系统和通信系统之间传递数据呢？

【知识准备】

1.3.1　数据通信的基本概念

1．数据、信息和信号的概念

数据（Data）是传递/携带信息的实体，一般以二进制的形式表示。信息（Information）指数据的内容或解释。信号（Signal）是数据的物理量编码（通常为电编码），数据以信号的形式在介质中传播。信号分为模拟信号（如话音）和数字信号（计算机输出的信号）。模拟信号是一系列连续变化的电磁波或电压信号。数字信号是离散的，通过脉冲有无的组合形式来表示信息，通常一个脉冲用一个码元表示（一个码元用二进制 1 或 0 表示）。模拟信号和数字信号如图 1-36 所示。

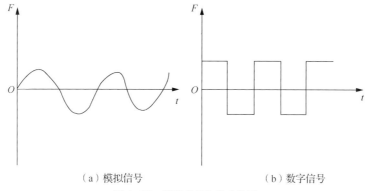

（a）模拟信号　　　　　　　　　　（b）数字信号

图 1-36　模拟信号和数字信号

2. 数据存储容量的概念

表示数据存储容量的单位有比特和字节。比特（bit，b）是构成计算机内存、硬盘等存储介质的基本单位，计算机处理数据及运算时都采用二进制，通常一个比特可以表示两个不同的数字，即 0 和 1。字节（Byte，B）也是常用的数据存储单位，一个字节为 8bit，表示的数值为 0～255。日常生活中常用的数据存储单位有 KB、MB、GB 和 TB，其中 TB 和 GB 最为常见。它们之间的换算关系如下。

1TB=1024GB；

1GB=1024MB；

1MB=1024KB；

1KB=1024B；

1Byte=8bit。

3. 数据传输的概念

数据传输是指信息通过数据通信系统进行传输的过程。因为信息和数据不能直接在信道上传输，所以需要把携带信息的数据以物理信号的形式通过信道传送到目的地。数据通信系统由信源、信号变换器、信道、信号反变换器和信宿组成。其中，信源和信宿一般指计算机或其他通信终端；信道不单指传输介质，还包括支持信号传输的通信设备；信号变换器的作用是将一个信号形式转换为另一个信号形式，而信号反变换器则是进行逆向操作。在公用电话交换网（Public Switched Telephone Network，PSTN）中，信号变换器和信号反变换器指调制解调器（Modem），俗称"猫"。PSTN 数据传输的整个过程可以理解如下：信源发出数字信号，数字信号经过调制解调器调制成模拟信号在信道中传输，模拟信号经过调制解调器解调成数字信号到达信宿。信源和信宿称为数据终端设备（Data Terminal Equipment，DTE），DTE 通常需要与数据通信设备（Data Communication Equipment，DCE）配合使用，DCE 通常是用于传输和调制解调数据的调制解调器、连接 DTE 的通信设备等。DCE 提供时钟，DTE 依靠 DCE 提供的时钟工作。数据传输模型如图 1-37 所示。

图 1-37　数据传输模型

通常衡量数据传输质量的技术指标有数据传输速率、信号传输速率、带宽和误码率。

（1）数据传输速率指每秒传输二进制信息的位数。其单位通常为 bit/s（比特率），其他常用单位有 kbit/s、Mbit/s、Gbit/s，两个相邻单位之间相差 1000 倍。通常把数据传输速率在 20Mbit/s 以上的网络称为高速网，我国以太网速率达到 400Gbit/s，5G 网络基础速率达到 300Mbit/s。

（2）信号传输速率指每秒通过信道传输的码元数，也称码元速率、调制速率或波特率。其单位为波特，记作 Baud。码元是指固定时长的信号波形。波特率与比特率的关系：比特率=波特率×单个调制状态对应的二进制位数。如果在数字传输过程中用 0V 表示数字 0,5V 表示数字 1，那么每个码元有 0 和 1 两种状态，每个码元代表一个二进制数字。此时的每秒码元数和每秒二进制代码数是一样的，这叫作两相调制，波特率等于比特率。当使用串口线连接设备进行配置时需要设置串口波特率，不同设备的波特率不一样，如华为路由器的波特率为 9600bit/s。

（3）带宽指信道能够容纳的最高频率和最低频率之间的差值，通常以赫兹（Hz）为单位。带宽在数字信号系统中用来描述网络或线路理论上传输数据的最高速率。容易与带宽混淆的一个名词是宽带，带宽和宽带的区别：宽带是一种业务，带宽是传输速率。家庭安装了宽带是指办理了网络接入业务，如 300M 的宽带其实是指网络支持 300Mbit/s 的最大传输速率。

（4）误码率是一个衡量数据通信系统在正常工作情况下传输可靠性的指标，指在数据传输过程中每个比特出现错误的概率。

1.3.2 数据通信方式

数据通信包括数据在源节点和目标节点之间的传输过程，以及数据在网络中流动的一系列相关技术和服务。数据通信方式可以按照数据在线路上的传输方向、每次传送的数据位数、信号是否调制和数据的传输单位 4 个维度进行划分，根据数据在通信过程中的状态应用在不同的场景中，如表 1-5 所示。

表 1-5 数据通信方式

划分方式	通信方式	通信特点	应用场景
按照数据在线路上的传输方向划分	单工通信	数据只能单方向传输	无线电广播、电视广播、遥控器
	半双工通信	数据可发送、可接收，但同一时刻数据只能发送或只能接收	对讲机
	全双工通信	在同一时刻数据可同时发送和接收	电话、网络视频会议
按照每次传送的数据位数划分	并行通信	一组数据的各数据位在多条线上同时传输	1. 大数据传输：高清视频传输 2. 高效率数据传输：并行计算
	串行通信	使用一条数据线，将数据一位一位地依次传输，一位数据占据一个固定的时间长度	1. 高速数据传输：存储设备、网络通信 2. 长距离传输：远程监控、电力通信
按照信号是否调制划分	基带传输	将原始的、未经调制的信号直接进行传输，一般用于距离较短的数据通信	1. 家庭电话：电话线传输声音信号 2. 计算机数据传输：局域网传输数字信号
	频带传输	一种通过调制技术将基带信号从低频转换为高频信号，再将高频信号发送出去的方式，利用模拟信道实现数字信号传输	1. 无线通信：通过调制技术将基带信号调制到载频上进行传输 2. 电视广播：通过调制技术将基带信号调制到特定频段进行广播

续表

划分方式	通信方式	通信特点	应用场景
按照数据的传输单位划分	同步传输	数据通过块或帧的形式以全双工模式流动。发送方和接收方之间的同步是必要的	聊天室、视频会议、电话对话以及面对面的交互
	异步传输	以字符为单位传输，传输字符之间的时间间隔可以是随机的、不同步的，但在传输一个字符的时段内，收发双方仍需依据比特流保持同步	信件、电子邮件、论坛、电视和收音机

1.3.3 数据编码技术

数据编码是将数据表示成某种特殊的信号形式，以实现数据的可靠传输。根据数据通信方式，用于数据通信的数据编码技术可以分为模拟信号编码与数字信号编码两类，如图 1-38 所示。

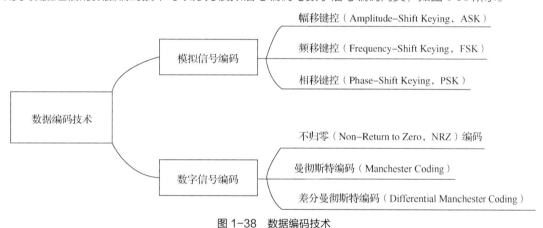

图 1-38 数据编码技术

在计算机网络远距离的通信中使用频带传输，频带传输的是模拟信号。数字信号需要经过调制解调器调制成模拟信号在信道中传输，调制的编码方式有幅移键控、频移键控和相移键控。计算机网络近距离的通信中使用基带传输，基带传输的是数字信号。数字数据需要经过不归零编码、曼彻斯特编码、差分曼彻斯特编码等编码方式转换成数字信号在信道中传输。

接下来主要介绍数字信号的编码方式，包括不归零编码、曼彻斯特编码和差分曼彻斯特编码。

（1）不归零编码：用两个电平表示两个二进制数字，用高电平（正电压）表示 1，用低电平（负电压）表示 0。

（2）曼彻斯特编码：有两种表示方式，一种是在一个码元时间内，1 表示高电平变低电平，0 表示低电平变高电平；另一种是在一个码元时间内，0 表示高电平变低电平，1 表示低电平变高电平。每个码元时间中间时刻一定有电平的跳变。曼彻斯特编码是一种自同步编码方式，包括数据信息和时钟信息。

（3）差分曼彻斯特编码：两个码元的时间间隔内有电平跳变表示 0，无电平跳变表示 1，每个码元时间中间时刻一定有电平的跳变。

3 种数字数据的数字信号编码方式如图 1-39 所示。

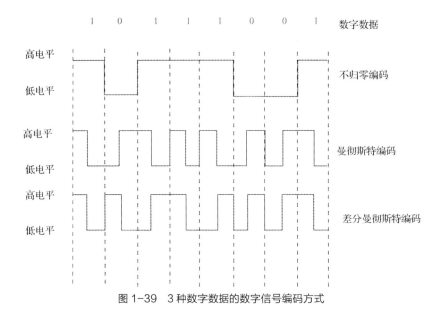

图 1-39　3 种数字数据的数字信号编码方式

1.3.4　信道多路复用技术

在数据通信中，使用一个信道同时传输多路信号的技术即信道多路复用技术（以下简称多路复用技术）。常用的多路复用技术有频分多路复用（Frequency Division Multiplexing，FDM）、时分多路复用（Time Division Multiplexing，TDM）、波分多路复用（Wavelength Division Multiplexing，WDM）、码分多路访问（Code Division Multiple Access，CDMA）、正交频分复用（Orthogonal Frequency Division Multiplexing，OFDM）、空分复用（Space Division Multiplexing，SDM）。每种多路复用技术都有其特定优势和适用场景，通常基于传输介质、信号带宽、传输距离、成本和技术成熟度等因素进行选择。多路复用技术的特点和应用场景如表 1-6 所示。

表 1-6　多路复用技术的特点和应用场景

多路复用技术名称	特点	应用场景
频分多路复用	用不同频率传送不同信号，以实现多路通信	无线电广播、电视广播
时分多路复用	按照一定的时间次序循环地传输各路消息信号以实现多路通信	数字电话网络
波分多路复用	把不同波长的光信号复用到一根光纤中进行传输	光纤通信系统
码分多路访问	每个信号分配一个唯一的编码，所有信号在相同的频率上同时传输，接收端通过解码分离出各个信号	3G 移动通信
正交频分复用	正交频分复用是一种特殊的频分多路复用技术，其将一个高速数据信号分成多个较低速度的子信号，这些子信号在正交的子频带上发送	广泛应用于现代无线通信系统，如 Wi-Fi（802.11a/g/n/ac 标准）和数字电视广播
空分复用	通过使用多个天线（空间通道）来同时传输多个独立的信号	主要应用于无线通信领域，如多输入多输出（Multiple-Input Multiple-Output，MIMO）技术在 4G、5G 和 Wi-Fi 网络中的应用

1.3.5 常见的传输介质

传输介质和信道是两个不同的概念。传输介质是用来连接两个或多个网络节点的物理电路；信道是建立在传输介质之上的，包括传输介质和设备，且有逻辑信道的含义。通过采用合适的编码和调制技术，一条物理传输介质可以支持多个信道同时传输数据。传输介质通常分为有线介质和无线介质两大类，这两大类又可以细分为不同种类，如图 1-40 所示。图 1-41 展示了典型有线介质线缆和跳线。

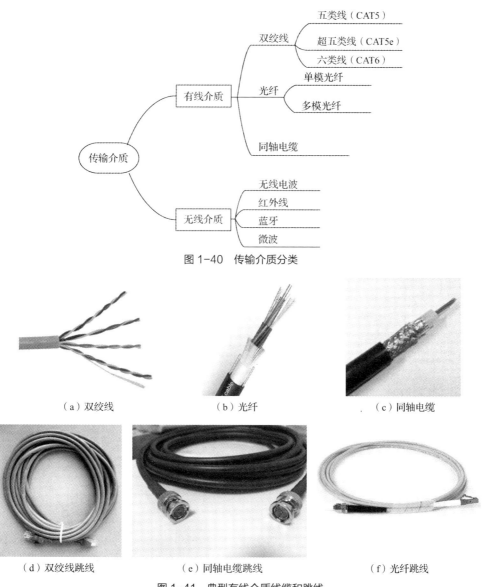

图 1-40 传输介质分类

（a）双绞线　　　　　　　　（b）光纤　　　　　　　　（c）同轴电缆

（d）双绞线跳线　　　　　　（e）同轴电缆跳线　　　　　　（f）光纤跳线

图 1-41 典型有线介质线缆和跳线

双绞线是局域网中使用最广泛的传输介质，根据是否有外层屏蔽可以分为屏蔽双绞线（Shielded Twisted Pair，STP）和非屏蔽双绞线（Unshielded Twisted Pair，UTP）两大类，图 1-40

中双绞线的五类线、超五类线、六类线都有屏蔽和非屏蔽之分。双绞线外护套上标注着该线缆的类型等相关信息，如图 1-42 所示。

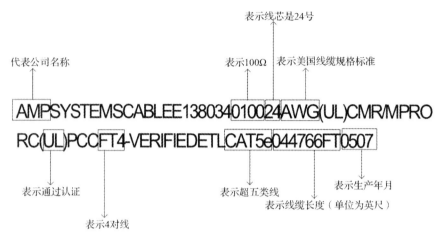

图 1-42　双绞线外护套上的信息

【任务实施】绘制曼彻斯特编码和差分曼彻斯特编码波形图

在基带传输网络中，数字数据（二进制数据流）需要编码成数字信号（高低电平或电压）在信道中传输。数字信号的编码方式主要有不归零编码、曼彻斯特编码和差分曼彻斯特编码，本任务是绘制二进制数据流 10101100 对应的曼彻斯特编码和差分曼彻斯特编码波形图。

绘制曼彻斯特编码和差分曼彻斯特编码波形图

步骤 1：绘制码元时间间隔线。启动 Visio 2019，在主界面中选择"详细网络图"模板，创建空白画布。

在画布的合适位置使用"工具"组中的"线条"工具绘制一根竖线（淡蓝色、虚线），使用快捷键复制（Ctrl+C）、粘贴（Ctrl+V）竖线，一共得到 9 根一样的竖线。对 9 根线进行等间距对齐分布：使用"指针"工具在画布中选中 9 根线，单击"工具"组中的"排列"按钮，选择"顶端对齐"选项；再单击"工具"组中的"位置"按钮，选择"横向分布"选项。此时每两根线组成一个码元时间间隔，共 8 个码元时间间隔，效果如图 1-43 所示。

图 1-43　绘制码元时间间隔线

步骤 2：标注二进制数据流和高低电平。使用"文本"工具进行标注，字体为黑体，字号自定义，效果如图 1-44 所示。

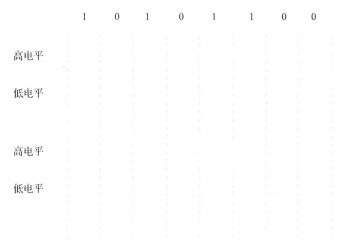

图 1-44　标注二进制数据流和高低电平

步骤 3：绘制曼彻斯特编码波形图。如果定义 1 是高电平变低电平、0 是低电平变高电平，则二进制数据流 10101100 对应的曼彻斯特编码波形图如图 1-45 所示。使用"线条"工具绘制电平，相同的波形可通过复制操作完成，按住 Alt 键可对线段进行微调。

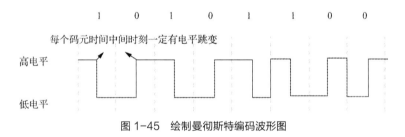

图 1-45　绘制曼彻斯特编码波形图

步骤 4：绘制差分曼彻斯特编码波形图。如果初始电平为高电平，则二进制数据流 10101100 对应的差分曼彻斯特编码波形图如图 1-46 所示。

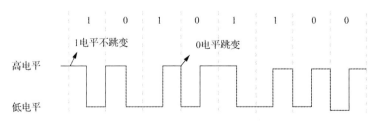

在码元时间间隔线上发生跳变的是0，不发生跳变的是1，每个码元时间中间时刻电平一定发生跳度

图 1-46　绘制差分曼彻斯特编码波形图

步骤 5：在波形图的旁边标注编码方式，导出图片。

【任务拓展】根据曼彻斯特编码和差分曼彻斯特编码的波形图判断实际传送的二进制数据流

图 1-47 中画出了曼彻斯特编码和差分曼彻斯特编码的波形图，试写出实际传送的二进制数据流。

根据曼彻斯特编码和差分曼彻斯特编码的波形图判断实际传送的二进制数据流

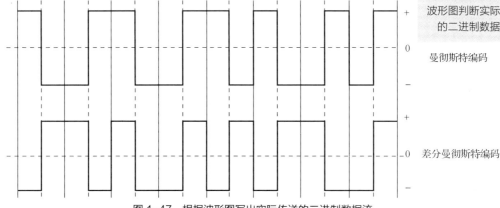

曼彻斯特编码

差分曼彻斯特编码

图 1-47　根据波形图写出实际传送的二进制数据流

提示：因为从图 1-47 中无法得知曼彻斯特编码中 1 和 0 对应的电平跳变方向，所以只能从差分曼彻斯特编码的波形图着手分析。差分曼彻斯特编码的特点是在码元时间间隔线上，电平不跳变是 1，电平跳变是 0。

【习题】

一、应知

1．判断题

（1）DCE 是数据通信设备，是介于数据终端设备与传输介质之间的设备。　　　　　（　　）

（2）调制解调器属于 DTE。　　　　　（　　）

（3）波特率是一种数字信号的传输速率。　　　　　（　　）

（4）计算机中的信息都是以数字形式来表示的。　　　　　（　　）

（5）全双工通信网络中的双方可以同时进行信息的发送与接收，只需要一条传输线路。（　　）

（6）局域网中主要采用基带传输方式传输数据。　　　　　（　　）

2．填空题

（1）数据一般分为（　　　　）数据和（　　　　）数据两种类型。

（2）根据数据在线路上的传输方向，数据通信方式可以划分为（　　　　）、（　　　　）和（　　　　）3 种。

（3）在数据传输中，（　　　　）是构成信息编码的最小单位。

（4）DTE 的中文含义是（　　　　），DCE 的中文含义是（　　　　）。

（5）（　　　　）是信息传输的物理信道。

（6）在数据通信中，利用电话交换网与调制解调器进行数据传输的方式属于（　　　　）。

二、应会

（1）能够掌握数据存储容量单位 KB、MB、GB 和 TB 之间的换算关系，如计算 327681200KB
=（　　　　）GB。

（2）通过电话咨询或者实地走访中国电信、中国联通或中国移动营业厅，调查自己家庭所使用
的宽带业务的网络传输速率。

（3）阐述 3 种有线传输介质的特点及使用场景。

（4）绘制二进制数据流 0011010110 的曼彻斯特编码（1 表示高电平变低电平，0 表示低电平变
高电平）和差分曼彻斯特编码波形图（假设初始电平为高电平）。

【项目小结】

本项目通过分析典型的集团网络拓扑图，引出主要学习内容：计算机网络的基础知识，即计算
机网络体系结构和数据通信。计算机网络体系结构是计算机网络技术的核心理论之一，数据通信则
是计算机网络的基本功能，网络体系结构为数据通信提供了分层传输的理论框架。通过本项目的学
习，读者可以熟知 OSI 参考模型与 TCP/IP 参考模型各层的名称和功能、两种参考模型的差异，以
及 TCP/IP 协议族的主要协议；掌握使用 Visio 绘制网络拓扑图的方法，以及 Wireshark 等抓包工具
的使用方法。

项目二

规划IP地址

02

　　IP 地址是网络设备通信时的唯一标识，类似于人的身份证号码，网络中的每台设备都有一个 IP 地址，它们使用该 IP 地址进行互联互通。随着万物互联时代的到来，IPv4 地址已不能满足日益增长的地址需求，而 IPv6 的庞大地址空间能解决这一问题。截至 2023 年 12 月底，我国 IPv6 活跃用户高达 7.78 亿，应用规模不断扩大。

　　本项目通过具体实例，帮助读者掌握 IPv4 地址的规划方法，节省 IPv4 资源的同时减小子网内部网络风暴出现的概率，提高网络性能。本项目还会帮助读者深入了解 IPv6 地址的分类和应用，使其能够熟练使用手动和自动获取两种方式配置 IPv6 地址。

【项目描述】

　　在项目一的基础上对集团网络进行优化，根据图 1-1（某集团的网络拓扑图）、表 2-1（网络设备连接表）和表 2-2（网络设备 IP 地址分配表）的内容及要求，为网络中的所有设备接口配置 IP 地址。

表 2-1　网络设备连接表

A 设备连接至 B 设备			
A 设备名称	接口	B 设备名称	接口
R-1	G0/4	FW-2	Eth3
R-1	G0/3	SW3-2	E1/0/23
R-1	S0/1	R-2	S0/2
R-2	G0/3	FW-1	Eth3
R-2	G0/4	SW3-2	E1/0/24
SW3-2	E1/0/22	R-3	G0/3
R-3	G0/4	SW-2	E1/24
SW-2	E1/1	AP	
SW-2	E1/23	AC	E1/0/24
FW-2	Eth4	无线笔记本电脑	
FW-1	Eth4	SW3-1	E1/0/24
SW3-1	E1/0/22-23	SW-1	E1/22-23
PC1	NIC（网络接口卡）	SW-1	E1/1
PC2	NIC	SW-1	E1/9
PC3	NIC	SW-2	E1/5
PC4	NIC	SW-2	E1/9

表 2-2 网络设备 IP 地址分配表

设备	设备名称	设备接口	IP 地址
路由器	R-1	S0/1	202.90.1.1/30
		G0/3	202.80.1.1/30
		G0/4	202.100.1.1/24
	R-2	S0/2	202.90.1.2/30
		G0/3	202.50.1.1/30
		G0/4	202.70.1.1/30
	R-3	G0/4	
		G0/3	202.200.1.2/24
三层交换机	SW3-1	VLAN 10	
		VLAN 20	
		VLAN 30	
		VLAN 40	
		VLAN 100(与 FW-1 连接的 VLAN)	
		VLAN 200	172.16.1.254/24
	SW3-2	VLAN 10	202.80.1.2/30(E1/0/23)
		VLAN 20	202.70.1.2/30(E1/0/24)
		VLAN 30	202.200.1.1/24(E1/0/22)
防火墙	FW-1	Eth3	202.50.1.254/24
		Eth4	
	FW-2	Eth3	202.100.1.254/24
		Eth4	10.1.1.254/24
无线控制器	AC	VLAN 10	
		VLAN 20	
		VLAN 100	
		VLAN 200	192.168.1.254/24
计算机	PC1	NIC	172.16.1.253(SW-1 E1/1)
	PC2	NIC	172.16.1.252(SW-1 E1/9)
	PC3	NIC	192.168.1.253(SW-2 E1/5)
	PC4	NIC	192.168.1.252(SW-2 E1/9)

深圳区域使用 172.16.0.0/16 网段,杭州区域使用 192.168.0.0/16 网段,为了节省 IP 资源,做到合理分配,设备间互联地址使用 30 位掩码。深圳区域服务器区(VLAN 200)使用 172.16.1.0/24 网段,杭州区域服务器区(VLAN 200)使用 192.168.1.0/24 网段。深圳区域的财务部(VLAN 10)有 30 名员工,工程部(VLAN 20)有不少于 90 名员工,软件部(VLAN 30)和系统集成部(VLAN 40)两个部门都有 120 名员工,根据需要进行 IP 地址划分;杭州区域的行政部(VLAN 10)至少有 90 台主机,销售部(VLAN 20)至少有 200 台主机。把 IP 地址填入网络设备 IP 地址分配表中对应的空白处。虚拟局域网(Virtual Local Area Network,VLAN)网关使用所在网段最后一个可用 IP 地址。

【知识梳理】

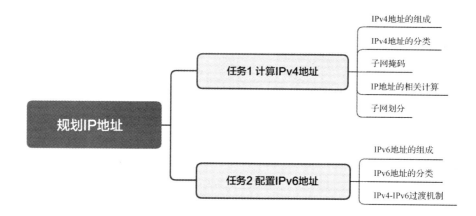

【项目目标】

知识目标	技能目标	素养目标
1. 了解 IPv4 地址的组成 2. 掌握二进制数与十进制数之间的换算 3. 掌握 IPv4 地址的分类	1. 能够识读 IPv4 地址 2. 能够熟练掌握二进制数与十进制数之间的换算 3. 能够快速判断 IPv4 地址的类型	培养细心观察、仔细严谨的态度
1. 理解子网掩码的作用 2. 掌握 IPv4 地址的相关计算	1. 能够快速判断两个 IPv4 地址是否属于同一个网段 2. 能够计算某一个 IPv4 地址的网络地址、广播地址及所在网段的可用主机地址范围 3. 能够根据给出的网段进行等长子网掩码划分 4. 能够根据要求对网段进行可变长子网掩码划分	1. 培养独立思考、仔细检查的习惯 2. 培养分析问题、解决问题的能力
1. 了解 IPv6 地址的组成、分类 2. 了解 IPv4-IPv6 过渡机制 3. 掌握配置 IPv6 地址的两种方式	1. 使用手动方式配置 IPv6 地址 2. 使用自动获取方式配置 IPv6 地址	关注科技的创新和突破，培养探究态度

任务 1 计算 IPv4 地址

建议学时：6 学时。

【任务描述】

在前面对图 1-1 所示的某集团的网络拓扑图的描述中，多次提到 VLAN，VLAN 是主要应用在交换机上的技术。VLAN 可以将一个大的局域网划分为多个小的局域网，通常一个局域网是一个广播域，即 VLAN 就是用来将一个大广播域划分为多个不同的小广播域的技术，可以抑制广播风暴。

集团按照部门划分 VLAN 并分配不同网段的 IP 地址，可以更好地管理网络。

试根据该集团的网络地址需求规划 IP 地址，遵循避免 IP 地址浪费和资源滥用的原则，给每个 VLAN 分配合理的 IP 地址，并补全表 2-2 中的"IP 地址"列。

【任务分析】

首先，识读表 2-1 和表 2-2，梳理深圳和杭州区域的业务部门及对应的 VLAN，可在图 1-1 中标出 VLAN 信息和对应的 IP 地址；其次，在网络拓扑图中标出已知接口的 IP 地址；最后，根据任务要求对各 VLAN 进行子网划分，因为各 VLAN 的主机数不尽相同，所以采用可变长子网掩码划分方式进行 IP 地址计算，满足合理分配 IP 地址的要求。

【知识准备】

2.1.1 IPv4 地址的组成

1. IPv4 地址的定义

人们为通信系统中的每一台计算机都事先分配了一个类似于身份证号码或电话号码的标识地址，设备间使用该标识地址进行互联互通，该标识地址就是 IP 地址。根据 TCP/IP 的规定，IP 地址由 32 位二进制数组成，且在互联网范围内是唯一的。例如，某台连接在互联网上的计算机的 IP 地址如下。

11001000 01100111 11100001 01000000

人们为了方便记忆，将组成计算机 IP 地址的 32 位二进制数分成 4 段，每段 8 位，将每 8 位二进制数转换成十进制数，中间用小数点隔开，即点分十进制。上述计算机的 IP 地址使用点分十进制表示为 200.103.225.64。

点分十进制的每位数字的取值是 0～255。

2. 二进制数与十进制数之间的换算

十进制数转换为二进制数的方法如下：1 个十进制数可转换为 8 位二进制数，首先绘制 8 个横杠，8 个横杠对应的权位值从右往左依次是 1、2、4、8、16、32、64、128。将十进制数从最左侧开始减权位值 128，够减时在横杠上写 1，使用差值向右减权位值；不够减时在横杠上写 0，使用被减数向右减权位值，以此类推。

举例：将十进制数 200 转换成二进制数。

步骤：首先绘制 8 个横杠并在下方写权位值，用 200 减 128，在权位值 128 对应的横杠上写 1，差值为 72；再用 72 继续减权位值 64，在权位值 64 对应的横杠上写 1，差值为 8；再用 8 继续减权位值 32，不够减，在权位值 32 对应的横杠上写 0；用 8 向右减权位值 16，不够减，在权位值 16 对应的横杠上写 0；再用 8 向右减权位值 8，在权位值 8 对应的横杠上写 1，差值为 0；此时剩下的权位值对应的横杠上都写 0，如图 2-1 所示。

十进制：	200							
二进制：	1	1	0	0	1	0	0	0
权位值：	128	64	32	16	8	4	2	1

图 2-1　十进制数转换为二进制数

二进制数转换为十进制数的方法刚好相反，将二进制数中 1 所对应的权位值相加取和，即十进制数。

也可使用 Windows 操作系统自带的计算器进行二进制数与十进制数的换算，如图 2-2 所示。

IPv4 地址由网络位（也称网络号或网络标识）和主机位（也称主机号或主机标识）组成。网络位表明主机所在的网络（网段），主机位表明网络位所定义的地址范围内某个特定的主机接口。网络位和主机位的位数由子网掩码决定。

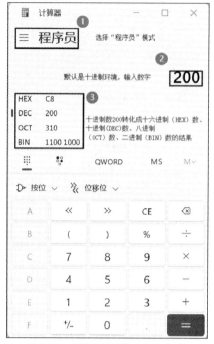

图 2-2　使用计算器进行数制转换

2.1.2　IPv4 地址的分类

IPv4 地址通常可以根据使用情况和性质进行分类。

1. A、B、C、D、E 类地址

IPv4 地址根据使用情况可以分为 A、B、C、D、E 这 5 类，其中常规的是 A、B、C 这 3 类，D、E 类用途比较特殊。D 类为多播地址，一般用于多路广播用户；E 类为保留地址，留待特殊用途。用点分十进制形式表示它们的地址范围，具体如下。

（1）A 类：1.0.0.0～126.255.255.255。

（2）B 类：128.0.0.0～191.255.255.255。

（3）C 类：192.0.0.0～223.255.255.255。

（4）D 类：224.0.0.0～239.255.255.255。

（5）E 类：240.0.0.0～255.255.255.254。

要判断某 IPv4 地址属于 A、B、C、D、E 类中的哪一类，可以看点分十进制的第一个数字，如果该数字为 1～126，则为 A 类地址；如果该数字为 128～191，则为 B 类地址；如果该数字为 192～223，则为 C 类地址；如果该数字为 224～239，则为 D 类地址；如果该数字为 240～255，则为 E 类地址。通常情况下，读者只需记忆 A、B、C 这 3 类 IP 地址即可。

2. 公有地址和私有地址

IPv4 地址根据性质可以分为公有地址和私有地址。国际互联网络信息中心（Internet Network Information Center，InterNIC）负责将公有地址分配给注册并向 InterNIC 提出申请的组织机构。我国负责 IP 地址与域名（Domain Name）管理的机构是中国互联网络信息中心。计算机可以通过公有地址直接访问互联网。私有地址是由各个组织机构自由支配的 IP 地址。私有地址不能直接访问互联网，必须经过网络地址转换（Network Address Translation，NAT）技术转换成公有地址。

私有地址范围如下。

（1）A 类：10.0.0.0～10.255.255.255。

（2）B 类：172.16.0.0～172.31.255.255。

（3）C 类：192.168.0.0～192.168.255.255。

建议读者熟练记忆私有地址范围。

2.1.3　子网掩码

子网掩码的格式与 IPv4 地址一样，子网掩码的网络位全是 1，主机位全是 0。IPv4 地址和子网掩码成对存在。子网掩码分为两类，一类是默认子网掩码，另一类是自定义子网掩码。子网掩码也可以写为 "/X" 的形式，其中 "X" 是子网掩码中 1 的个数，如 255.255.255.0=/24。

1. 默认子网掩码

默认子网掩码即未划分子网时 IP 地址对应的子网掩码，对应的网络位都置 1，主机位都置 0。A、B、C 类网络都有默认的子网掩码。

（1）A 类：255.0.0.0（/8）。

（2）B 类：255.255.0.0（/16）。

（3）C 类：255.255.255.0（/24）。

2. 自定义子网掩码

自定义子网掩码是将一个网络划分为几个子网，需要每个子网使用不同的网络位或子网位，可以认为将主机位分为了两个部分：子网位和子网主机位。自定义子网掩码形式如下。

（1）未划分子网的 IP 地址：网络位+主机位。

（2）划分子网后的 IP 地址：网络位+子网位+子网主机位。

子网掩码中 1 的个数是 IPv4 地址中网络位的位数，如 IP 地址为 192.168.2.100，子网掩码为 255.255.255.128，将 255.255.255.128 转换为二进制形式有 25 个 1，那么 192.168.2.100 转换为二进制形式时前 25 位二进制数是网络位，主机位有 7 位。

2.1.4　IP 地址的相关计算

IP 地址的相关计算

1. 判断两个 IP 地址是否属于同一个网段

在两台计算机直连的条件下，相同网段的 IPv4 地址可以相互通信。要判断两个 IP 地址是否属于同一个网段，可以比较两个 IP 地址的网络位是否相同，网络位相同则两个 IP 地址属于同一个网段。

举例：已知 PC1 的 IP 地址为 172.18.75.27，子网掩码为 255.255.240.0；PC2 的 IP 地址为 172.18.82.23，子网掩码为 255.255.240.0，试判断 PC1 与 PC2 是否属于同一个网段。

计算过程（见图 2-3）：首先将 PC1 和 PC2 的 IP 地址、子网掩码换算成 32 位二进制数，然后分别计算两个子网掩码中 1 的个数。因为子网掩码都是 255.255.240.0，其中 1 的个数为 20，因此两个二进制形式的 IP 地址的网络位是前 20 位，后 12 位是主机位，即 PC1 的 IP 地址的网络位为 10101100 00010010 0100，PC2 的 IP 地址的网络位为 10101100 00010010 0101。对比两个 IP 地址的网络位是否一样，很显然不一样，所以这两个 IP 地址不属于同一个网段。

	网络位（字体加粗部分）　　　主机位
PC1地址：172.18.75.27　→	**10101100 00010010 0100**1011　00011011
子网掩码：255.255.240.0　→	11111111 11111111 11110000　00000000
PC2地址：172.18.82.23　→	**10101100 00010010 0101**0010　00010111
子网掩码：255.255.240.0　→	11111111 11111111 11110000　00000000

图 2-3　判断两个 IP 地址是否属于同一个网段的过程

2．计算 IP 地址所在网段的网络地址

在两台计算机直连的条件下，如果其中一台计算机已经配置了 IPv4 地址，要想使另一台计算机配置相同网段的 IPv4 地址即可实现通信，就需要这两个 IP 地址的网络地址相同且是可用主机地址，即配置的另外一个 IP 地址要排除网络地址和广播地址。网络地址表示网段所在的地址，其特点是网络位为当前 IP 地址的网络位，主机位全为 0。广播地址是指在本网络上发送广播消息的地址，其特点是网络位为当前 IP 地址的网络位，主机位全为 1。可用主机地址即网段中可分配给计算机的 IP 地址，其是除网络地址和广播地址外其他地址的集合，可用主机地址的范围是网络地址加 1 至广播地址减 1。

举例：已知某计算机的 IP 地址为 192.168.10.138，子网掩码为 255.255.255.192，求其所在网段的网络地址、广播地址和可用主机地址范围。

计算过程（见图 2-4）：首先将 IP 地址和子网掩码转换为 32 位二进制数，标识出网络位和主机位；然后根据网络地址、广播地址的特点和可用主机地址范围得到结果；最后把结果以点分十进制的形式呈现。

```
                                    网络位（字体加粗部分）        主机位

IP地址：       192.168.10.138  ⟶  11000000 10101000 00001010 10001010
子网掩码：     255.255.255.192 ⟶  11111111 11111111 11111111 11000000
网络地址：                        11000000 10101000 00001010 10000000 ⟶ 192.168.10.128
广播地址：                        11000000 10101000 00001010 10111111 ⟶ 192.168.10.191
可用主机地址范围：            192.168.10.129 ～ 192.168.10.190
```

图 2-4 计算 IP 地址所在网段的网络地址、广播地址和可用主机地址范围的过程

2.1.5 子网划分

子网划分

子网划分是通过改变子网掩码将一个大网络划分为若干小网络的过程，其目的是提高网络地址空间的利用率，同时减少网络中的广播风暴。子网划分主要包括以下 3 个步骤。

第 1 步：进制转换。将 IP 地址和子网掩码转换成 32 位二进制数，标识出网络位和主机位。

第 2 步：借用主机位。从主机位中借用若干位作为子网位，剩余部分则作为主机位。这个借用过程需要计算希望划分的子网数量和每个子网所需的主机数量，这样才能决定子网位和主机位的位数。

第 3 步：计算子网地址。根据子网掩码和 IP 地址，可以计算出每个子网的网络地址、广播地址和可用主机地址范围。

子网划分可以分为等长子网掩码划分和可变长子网掩码划分。其中，等长子网掩码划分是指每个子网的主机数量相同，而可变长子网掩码划分允许每个子网的主机数量不同。

1．等长子网掩码划分

举例：将 B 类地址 172.18.0.0/16 划分为 8 个子网，每个子网的主机数量相同。求每个子网的网络地址、广播地址和可用主机地址范围。

计算过程如下。

第 1 步：进制转换（字体加粗部分为网络位）。

IP 地址：172.18.0.0 ⟶ **10101100 00010010** 00000000 00000000
子网掩码：/16 ⟶ **11111111 11111111** 00000000 00000000

第 2 步：借用主机位。

假设借用主机位数为 m，子网数为 n，则它们的关系是 $2^m=n$。划分 8 个子网时，$n=8$，那么 $m=3$。本例中需要向主机位借 3 位作为子网位，那么网络位有 16+3=19 位，主机位有 13 位。8 个子网的子网掩码都是/19。

每个子网的地址数为 $2^{主机位数}$，则本例中各子网包含的地址数是 $2^{13}=8192$，可用主机地址数是 8192-2=8190。

第 3 步：计算子网地址。

借用 3 位主机位后，IP 地址和子网掩码发生了改变（加粗部分为网络位，加下画线部分为子网位）。

IP 地址：172.18.0.0 $\longrightarrow$ **10101100 00010010** ×××00000 00000000

子网掩码：/19 $\longrightarrow$ **11111111 11111111** <u>111</u>00000 00000000

子网位×××中×的取值可以是 1 或 0，因此共有 $2^3=8$ 种取值组合，再与原来的网络位结合组成新的网络位，如表 2-3 所示。

表 2-3　子网位的取值组合

子网	×××	网络位
第 1 个子网	000	10101100 00010010 000
第 2 个子网	001	10101100 00010010 001
第 3 个子网	010	10101100 00010010 010
第 4 个子网	011	10101100 00010010 011
第 5 个子网	100	10101100 00010010 100
第 6 个子网	101	10101100 00010010 101
第 7 个子网	110	10101100 00010010 110
第 8 个子网	111	10101100 00010010 111

根据网络地址=网络位不变，主机位全 0；广播地址=网络位不变，主机位全 1；可用主机地址=网络地址+1～广播地址-1，得到 8 个子网的网络地址、广播地址和可用主机地址范围，如表 2-4 所示。

表 2-4　等长子网掩码划分

子网	网络地址	广播地址	可用主机地址范围
第 1 个子网	10101100 00010010 00000000 00000000 172.18.0.0	10101100 00010010 00011111 11111111 172.18.31.255	172.18.0.1～ 172.18.31.254
第 2 个子网	10101100 00010010 00100000 00000000 172.18.32.0	10101100 00010010 00011111 11111111 172.18.63.255	172.18.32.1～ 172.18.63.254
第 3 个子网	10101100 00010010 01000000 00000000 172.18.64.0	10101100 00010010 01011111 11111111 172.18.95.255	172.18.64.1～ 172.18.95.254
第 4 个子网	10101100 00010010 01100000 00000000 172.96.0.0	10101100 00010010 00011111 11111111 172.18.127.255	172.18.96.1～ 172.18.127.254
第 5 个子网	10101100 00010010 00000000 00000000 172.18.128.0	10101100 00010010 10011111 11111111 172.18.159.255	172.18.128.1～ 172.18.159.254
第 6 个子网	10101100 00010010 10100000 00000000 172.18.160.0	10101100 00010010 10111111 11111111 172.18.191.255	172.18.160.1～ 172.18.191.254

续表

子网	网络地址	广播地址	可用主机地址范围
第7个子网	10101100 00010010 11000000 00000000 172.18.192.0	10101100 00010010 11011111 11111111 172.18.223.255	172.18.192.1～ 172.18.223.254
第8个子网	10101100 00010010 11100000 00000000 172.18.224.0	10101100 00010010 01011111 11111111 172.18.255.255	172.18.224.1～ 172.18.255.254

2. 可变长子网掩码划分

举例：企业有销售部、市场部、研发部、财务部和人力资源部共 5 个部门，每个部门的计算机数量分别是 60、35、22、5、5。使用 192.168.1.0/24 的网络进行子网划分，求每个子网的网络地址、广播地址和可用主机地址范围。

要求合理规划 IP 地址，尽量减少地址浪费。

计算过程如下。

第 1 步：进制转换（字体加粗部分为网络位）。

IP 地址：192.168.1.0 —→ **11000000 10101000 00000001** 00000000

子网掩码：/24 —→ **11111111 11111111 11111111** 00000000

第 2 步：借用主机位。

假设借用主机位数为 m，子网数为 n，则它们的关系是 $2^m=n$，可用主机地址数=$2^{主机位数}$-2。

第 3 步：计算子网地址。

可变长子网掩码划分通常根据子网的主机数量由大到小或由小到大依次划分 IP 地址。如果没有特别说明，则可以使用由大到小的顺序进行子网划分。

（1）求销售部 60 个主机地址。要满足 $2^{主机位数}$-2≥60，则主机位数至少为 6，此时网络位有 26 位，需向主机位借 2 位。子网位××的组合有 00、01、10、11。从 00 开始使用，那么网络地址是 **11000000 10101000 00000001 00**000000，广播地址是 **11000000 10101000 00000001 00**111111。

（2）求市场部 35 个主机地址。要满足 $2^{主机位数}$-2≥35，则主机位数至少为 6，此时网络位有 26 位，需向主机位借 2 位。子网位××的组合有 00、01、10、11。由于 00 已被销售部使用，所以这里使用 01，那么网络地址是 **11000000 10101000 00000001 01**000000，广播地址是 **11000000 10101000 00000001 01**111111。

（3）求研发部 22 个主机地址。要满足 $2^{主机位数}$-2≥22，则主机位数至少为 5，此时网络位有 27 位，需向主机位借 3 位。把子网位××的第 3 个子网 10 再划分为 2 个子网，即 100、101。取第 1 个子网，那么网络地址是 **11000000 10101000 00000001 100**00000，广播地址是 **11000000 10101000 00000001 100**11111。

（4）求财务部 5 个主机地址。要满足 $2^{主机位数}$-2≥5，则主机位数至少为 3，此时网络位有 29 位，需向主机位借 5 位。把子网位×××的第 2 个子网 101 再划分为 4 个子网，取第 1 个子网 10100，那么网络地址是 11000000 **10101000 00000001 10100**000，广播地址是 **11000000 10101000 00000001 10100**111。

（5）求人力资源部 5 个主机地址。要满足 $2^{主机位数}$-2≥5，则主机位数至少为 3，此时网络位有 29 位，需向主机位借 5 位。由于 10100 已被财务部使用，因此这里取第 2 个子网 10101，那么网络地址是 **11000000 10101000 00000001 10101**000，广播地址是 **11000000 10101000 00000001 10101**111。

5 个子网的网络地址、广播地址和可用主机地址范围如表 2-5 所示。

表2-5　5个子网的网络地址、广播地址和可用主机地址范围

子网	网络地址	广播地址	可用主机地址范围
第1个子网（销售部）	11000000 10101000 00000001 00000000 192.168.1.0	11000000 10101000 00000001 00111111 192.168.1.63	192.168.1.1～ 192.168.1.62
第2个子网（市场部）	11000000 10101000 00000001 01000000 192.168.1.64	11000000 10101000 00000001 01111111 192.168.1.127	192.168.1.65～ 192.168.1.126
第3个子网（研发部）	11000000 10101000 00000001 10000000 192.168.1.28	11000000 10101000 00000001 10011111 192.168.1.159	192.168.1.129～ 192.168.1.158
第4个子网（财务部）	11000000 10101000 00000001 10100000 192.168.1.160	11000000 10101000 00000001 10100111 192.168.1.167	192.168.1.161～ 192.168.1.166
第5个子网（人力资源部）	11000000 10101000 00000001 10101000 192.168.1.168	11000000 10101000 00000001 10101111 192.168.1.175	192.168.1.169～ 192.168.1.174

【任务实施】配置 IPv4 地址实现双机互联

根据【任务描述】的内容计算 IP 地址，并将结果填入表 2-2 中的"IP 地址"列；选择两个直连设备接口的 IP 地址进行双机互联，执行网络连通性测试。

步骤1：规划 IP 地址。

配置 IPv4 地址
实现双机互联

规划深圳公司的 IP 地址，划分 172.16.0.0/16 网段。深圳区域服务器区（VLAN 200）使用 172.16.1.0/24 网段，财务部（VLAN 10）有 30 名员工，工程部（VLAN 20）至少有 90 名员工，软件部（VLAN 30）和系统集成部（VLAN 40）两个部门都有 120 名员工，即各个 VLAN 需要的主机数量。

使用可变长子网掩码的方法，按照主机数量由大到小进行划分。首先计算 VLAN 30 和 VLAN 40 的地址，满足 $2^{主机位数}-2 \geq 120$，主机位数取 ≥ 7，那么网络位=25 位，即子网掩码是 255.255.255.128。VLAN 30 分配 172.16.2.0/25 网段，VLAN 40 分配 172.16.2.128/25 网段。再计算 VLAN 20 的地址，满足 $2^{主机位数}-2 \geq 90$，主机位数取 7，那么网络位=25 位，即子网掩码是 255.255.255.128，VLAN 20 分配 172.16.3.0/25 网段。接着计算 VLAN 10 的地址，满足 $2^{主机位数} \geq 30$，主机位数取 5，那么网络位 =27 位，即子网掩码是 255.255.255.224，VLAN 10 分配 172.16.3.128/27 网段。表 2-2 中 SW3-1 还有一个 VLAN 100，该 VLAN 用来与 FW-1 连接，需分配一个/30 网段，可选用 172.16.3.160/30 网段，其可用 IP 地址只有两个，分别是 172.16.3.161/30 和 172.16.3.162/30。

规划杭州公司的 IP 地址，划分 192.168.0.0/16 网段。杭州区域服务器区（VLAN 200）使用 192.168.1.0/24 网段，杭州区域的行政部（VLAN 10）至少有 90 台主机，销售部（VLAN 20）至少有 200 台主机。

使用可变长子网掩码的方法，按照主机数量由大到小进行划分。首先计算 VLAN 20 的地址，满足 $2^{主机位数} \geq 200$，主机位数取 8，那么网络位=24 位，即子网掩码是 255.255.255.0，VLAN 20 分配 192.168.2.0/24 网段。再计算 VLAN 10，满足 $2^{主机位数} \geq 90$，主机位数取 7，那么网络位=25 位，即子网掩码是 255.255.255.128，VLAN 10 分配 192.168.3.0/25 网段。由表 2-2 可知，AC 还有一个 VLAN 100，用来与 R-3 通信，需分配一个/30 网段，可选用 192.168.3.128/30 网段，其可用 IP 地址只有两个，分别是 192.168.3.129/30 和 192.168.3.130/30。

需要注意 VLAN 网关地址使用所在网段的最后一个可用 IP 地址。补全表 2-2 中的"IP 地址"

列后得到网络设备 IP 地址分配明细表，如表 2-6 所示。

表 2-6 网络设备 IP 地址分配明细表

设备	设备名称	设备接口	IP 地址
路由器	R-1	S0/1	202.90.1.1/30
		G0/3	202.80.1.1/30
		G0/4	202.100.1.1/24
	R-2	S0/2	202.90.1.2/30
		G0/3	202.50.1.1/30
		G0/4	202.70.1.1/30
	R-3	G0/4	192.168.3.129/30
		G0/3	202.200.1.2/24
三层交换机	SW3-1	VLAN 10	172.16.3.158/27
		VLAN 20	172.16.3.126/25
		VLAN 30	172.16.2.126/25
		VLAN 40	172.16.2.254/25
		VLAN 100（与FW-1连接的VLAN）	172.16.3.162/30
		VLAN 200	172.16.1.254/24
	SW3-2	VLAN 10	202.80.1.2/30（E1/0/23）
		VLAN 20	202.70.1.2/30（E1/0/24）
		VLAN 30	202.200.1.1/24（E1/0/22）
防火墙	FW-1	Eth3	202.50.1.254/24
		Eth4	172.16.3.161/30
	FW-2	Eth3	202.100.1.254/24
		Eth4	10.1.1.254/24
无线控制器	AC	VLAN 10	192.168.3.126/25
		VLAN 20	192.168.2.254/24
		VLAN 100	192.168.3.130/30
		VLAN 200	192.168.1.254/24
计算机	PC1	NIC	172.16.1.253（SW-1 E1/1）
	PC2	NIC	172.16.1.252（SW-1 E1/9）
	PC3	NIC	192.168.1.253（SW-2 E1/5）
	PC4	NIC	192.168.1.252（SW-2 E1/9）

步骤 2：组建双机互联网络。

启动 eNSP，新建拓扑，拓扑中只需要两台计算机，使用 Copper 线连接两台计算机，其拓扑图如图 2-5 所示。

图 2-5 双机互联网络拓扑图

eNSP 有 6 种线缆，其中 Copper 线指双绞线，连接设备以太网（以太网是当今局域网采用的最通用的通信协议标准）接口。PC1、PC2 的 IPv4 地址分别配置为 172.16.3.161/30、172.16.3.162/30，模拟图 1-1 中 FW-1 的 Eth4 与 SW3-1 的接口 E1/0/24 的连接。在其中一台 PC 上使用 ping 命令测试两台直连设备的连通性，出现数据包存活时间（Time To Live，TTL）时说明两台 PC 能够正常通信。ping 命令的使用格式如下：ping+空格+对端设备 IP 地址。双机互联 ping 测试的设置细节和效果如图 2-6 所示。

```
┌─ PC1 ──────①──────────────────────────────── _ □ X ─┐
│  基础配置   命令行   组播   UDP发包工具   串口            │
│ Welcome to use PC Simulator!                         │
│ PC>ping 172.16.3.162  ②                              │
│                                                      │
│ Ping 172.16.3.162: 32 data bytes, Press Ctrl_C to break │
│ From 172.16.3.162: bytes=32 seq=1 ttl=128 time<1 ms  │
│ From 172.16.3.162: bytes=32 seq=2 ttl=128 time=16 ms │
│ From 172.16.3.162: bytes=32 seq=3 ttl=128 time<1 ms  │
│ From 172.16.3.162: bytes=32 seq=4 ttl=128 time=16 ms │
│ From 172.16.3.162: bytes=32 seq=5 ttl=128 time<1 ms  │
│                                                      │
│ --- 172.16.3.162 ping statistics ---                 │
│   5 packet(s) transmitted                            │
│   5 packet(s) received                               │
│   0.00% packet loss                                  │
│   round-trip min/avg/max = 0/6/16 ms                 │
│                                                      │
│ PC>                                                  │
└──────────────────────────────────────────────────────┘
```

图 2-6 双机互联 ping 测试的设置细节和效果

【任务拓展】制作双绞线

现实中两台计算机相连需要使用双绞线（俗称网线）。试制作一条 1m 长的双绞线，连接两台计算机。

提示：根据双绞线的连接方式制作线缆，连接相同类型设备时制作交叉线，连接不同类型设备时制作直通线。交叉线两端的排线顺序标准分别是 T568A 和 T568B，直通线两端的排线顺序标准都是 T568B。T568A 的线序是绿白、绿、橙白、蓝、蓝白、橙、棕白、棕。T568B 的线序是橙白、橙、绿白、蓝、蓝白、绿、棕白、棕。双绞线的制作步骤主要有取线、剥线、理线、剪线、插线、压线和测线，如表 2-7 所示。

制作双绞线

表 2-7 双绞线的制作步骤

操作步骤	动作示范
步骤 1：取线。取合适长度的双绞线，使用压线钳的剪线刀口把线的两端裁剪整齐	

续表

操作步骤	动作示范
步骤 2：剥线。把双绞线的灰色外护套剥掉。将线头放入压线钳剥线专用刀口，稍微用力握紧压线钳，慢慢旋转，让刀口划开双绞线的外护套	
步骤 3：理线。把相互缠绕的线缆逐一解开，根据排线顺序标准把线缆依次排列好并理顺，排列时应注意尽量避免线缆缠绕和重叠。直通线的排线顺序是水晶头（RJ45）两端都采用 T568B 的标准；而交叉线的水晶头一端采用 T586A 的标准，另一端采用 T586B 的标准	
步骤 4：剪线。细心检查线缆排列顺序，检查无误后利用压线钳的剪线刀口把线缆顶部裁剪整齐。需要注意的是，裁剪时应该将线缆水平方向插入刀口，否则线缆长度会不一样，从而影响线缆与水晶头的正常接触。若之前把外护套剥下过多，则可以在这一步将过长的线缆剪短，使去掉外护套的部分约为 15mm 即可，该长度正好能将各线缆插入各自的线槽。当该段留得过长时，一是会导致线对不再保持紧密的互绞状态，从而增加串扰；二是会导致水晶头不能压住外护套，使得线缆从水晶头中脱出，造成线路接触不良甚至中断	
步骤 5：插线。把整理好的线缆插入水晶头。需要注意的是，要使水晶头有塑料弹簧片的一面向下，有针脚的一面向上；使有针脚的一端指向远离自己的方向，有方形孔的一端对着自己。此时，最左边的是第 1 脚，最右边的是第 8 脚。插入时需要缓缓用力，把 8 条线缆同时沿水晶头内的 8 个线槽插入，一直插到线槽顶端	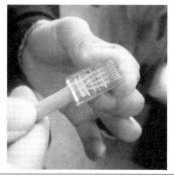
步骤 6：压线。把水晶头插入压线钳的 8P 槽内，用力握紧压线钳（若力气不够，则可以使用双手），使水晶头凸出在外面的针脚全部压入水晶头内，听到轻微的"啪"一声即可	

续表

操作步骤	动作示范
步骤 7：测线。将双绞线两端的水晶头分别插入主测试仪和远程测试仪的 RJ45 端口，将开关拨到"S"（慢速挡），这时主测试仪和远程测试仪的指示灯应该逐个闪亮。 直通线的测试：测试直通线时，主测试仪的指示灯和远程测试仪的指示灯均应该从 1 到 8 逐个按序闪亮。 交叉线的测试：测试交叉线时，主测试仪的指示灯应该从 1 到 8 逐个按序闪亮，而远程测试仪的指示灯应该按照 3、6、1、4、5、2、7、8 的顺序逐个闪亮	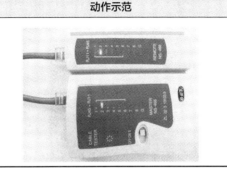

【习题】

一、应知

（1）若 B 类地址子网掩码为 255.255.255.248，则每个子网内可用主机地址数为（   ）。

    A. 10   B. 8   C. 6   D. 4

（2）假设子网掩码为 255.255.0.0，下列不属于同一个网段的 IP 地址的是（   ）。

    A. 172.25.15.201   B. 172.25.16.15   C. 172.16.25.16   D. 172.25.201.15

（3）IP 地址 219.25.23.56 的默认子网掩码有（   ）位。

    A. 8   B. 16   C. 24   D. 32

（4）某公司申请到一个 C 类 IP 地址，但要连接 6 个子公司，最大的一个子公司有 26 台计算机，每个子公司在一个网段中，则子网掩码应设为（   ）。

    A. 255.255.255.0   B. 255.255.255.128

    C. 255.255.255.192   D. 255.255.255.224

（5）规划一个 C 类网，需要将网络分为 9 个子网，每个子网最多 15 台主机，下列子网掩码中合适的是（   ）。

    A. 255.255.224.0   B. 255.255.255.224

    C. 255.255.255.240   D. 没有合适的子网掩码

（6）假设网络地址为 192.168.1.0/24，子网掩码为 255.255.255.224，以下说法正确的是（   ）。

    A. 划分了 4 个有效子网   B. 划分了 6 个有效子网

    C. 每个子网的有效主机数是 30   D. 每个子网的有效主机数是 31

二、应会

（1）计算。一个公司有 5 个部门，每个部门有 20 个人，公司申请了一个网段为 201.1.1.0/24 的网络，试为该公司进行 IP 地址规划（需要计算出每个子网的主机数、子网掩码、网络地址、广播地址、可用主机地址范围）。

（2）计算。学校机房 3 楼有 5 间教室和 1 间办公室，其中 2 间教室各有 55 台计算机，另外 3 间教室各有 40 台计算机，办公室有 4 台计算机，试使用 172.30.0.0/16 网段进行 IP 地址划分（需要计算出每个子网的主机数、子网掩码、网络地址、广播地址、可用主机地址范围。）

（3）熟练制作双绞线（直通线和交叉线）。

任务 2 配置 IPv6 地址

建议学时：2 学时。

 【任务描述】

IPv6 被称作下一代互联网协议，是为了解决 IPv4 存在的一些问题和不足而提出的，目前 IPv4 与 IPv6 共存。假设集团引入 IPv6 技术，网络设备同时使用 IPv4 地址和 IPv6 地址，其中杭州区域向网络运营商申请了 2001:10:10:20::/64 网段的 IPv6 地址。试为图 1-1 中的 PC3 和 PC4 分别分配该网段的 IPv6 地址，并使用 eNSP 模拟这两台计算机的 IPv6 通信。

 【任务分析】

计算机获取 IP 地址的方式有两种，一种是手动配置，另一种是自动获取。手动配置即网络管理员手动为计算机设置 IP 地址。自动获取是指计算机从动态主机配置协议（Dynamic Host Configuration Protocol，DHCP）服务器中获取 IP 地址。IPv6 地址的配置方式也有手动配置和自动获取两种。

【知识准备】

2.2.1 IPv6 地址的组成

IPv6 地址由 128 位二进制数组成，通常用 8 组共 32 个十六进制数（每组 4 个十六进制数）表示，如 BC70:0000:0000:0000:DC12:0000:000A:00C2。该地址较长，为了便于书写，允许省去两个冒号之间的数中前面的一串 0，即可写为 BC70:0:0:0:DC12:0:A:C2；还可以使用零压缩法缩减长度，即将值都是 0 的连续多个组用"::"代替，那么该地址可以写为 BC70::DC12:0:A:C2（::代表 12 个 0）。需要注意的是，"::"在一个地址中只能出现一次。

在 IPv6 中，不再使用子网掩码，而是使用前缀来定义网络 ID。一个 IPv6 地址由网络 ID 和接口 ID 组成，IPv6 地址的前缀长度决定了该 IPv6 地址中用于定义该地址所在网络的网络 ID 的位数。IPv6 地址前缀的书写方法采用斜线记法，用"IPv6 地址/十进制数表示的前缀长度位数"表示，如 34DD:0:0:AB40:0:0:0:0 的 60 位前缀可记为 34DD:0:0:AB40::/60。

2.2.2 IPv6 地址的分类

IPv6 地址分类是指根据 IPv6 地址的前缀长度将地址划分为不同的地址块。IPv6 没有网络地址和广播地址，广播地址被多播地址代替。通常将 IPv6 地址分为单播地址、多播地址和任播地址 3 类。

1. 单播地址

单播地址由 3 部分组成：全局路由前缀、子网 ID 和接口 ID。全局路由前缀由国际注册服务和互联网服务提供商分配，标识所分配网络的地址范围，具有层次结构。子网 ID 用于子网的划分，网络管理员分配接口 ID，用于标识子网中的接口，在子网中不能重复。接口 ID 始终为 64 位，因此

IPv6 子网始终为/64 子网。接口 ID 可通过 3 种方法生成，分别是手动配置、系统通过软件自动生成和根据电气电子工程师学会（Institute of Electrical and Electronics Engineers，IEEE） EUI-64 规范生成。这 3 种方法中最常使用的是根据 IEEE EUI-64 规范生成。EUI-64 是将 48 位系统的 MAC 地址的第 7 位取反，再在其中间插入 FFFE，组成 64 位的接口 ID。IPv6 地址中基于 IEEE EUI-64 生成接口 ID 的规则如图 2-7 所示。

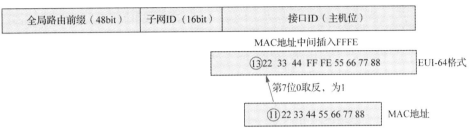

图 2-7 IPv6 地址中基于 IEEE EUI-64 生成接口 ID 的规则

单播地址还可以分为全球单播地址、链路本地地址、唯一本地地址、回环地址、未指定地址和内嵌 IPv4 地址这 6 种。

（1）全球单播地址：等同于 IPv4 的公有地址，全球单播地址的前 3 位是 001，即前缀为 2000::/3，地址范围是 2000:: ～3FFF:FFFF:FFFF:FFFF:FFFF:FFFF:FFFF:FFFF。

（2）链路本地地址：仅用于与同一本地链路上的设备进行通信，路由器不会转发任何以链路本地地址为源地址或目的地址的数据包。链路本地地址的前缀是 FE80::/10。

（3）唯一本地地址：相当于 IPv4 中的私有地址，仅在内部网络中使用，前缀是 FC00::/7。

（4）回环地址：表示节点本身，前缀是::1/128。

（5）未指定地址：表示地址未指定，或者在写默认路由时代表所有路由，前缀是::/128。

（6）内嵌 IPv4 地址：IPv4 映射的 IPv6 地址，仅用于拥有 IPv4 和 IPv6 双协议栈节点的本地范围，其中前 80 位设为 0，后 16 位设为 1，再在之后加上 IPv4 地址。例如，0000:0000:0000:0000:0000:FFFF:202.103.224.10 可以转换成 0000:0000:0000:0000:0000:FFFF:CA67:E00A。

2. 多播地址

多播地址用来标识一组接口，一般这些接口属于不同的节点，可以说，多播地址就是一组节点的标识符。IPv6 多播地址由前缀、标志（Flag）字段、范围（Scope）字段，以及多播组 ID（Global ID）这 4 个部分组成。多播地址的前缀是 FF00::/8。表 2-8 列举了一些常用的多播地址。

表 2-8 常用的多播地址

多播数据流发送范围	IPv6 多播地址	适用范围	多播 MAC 地址
节点本地范围	FF01::1	所有节点	33:33:0:0:0:1
	FF01::2	所有路由器	33:33:0:0:0:2
链路本地范围	FF02::1	所有节点	33:33:0:0:0:1
	FF02::2	所有路由器	33:33:0:0:0:2
	FF02::5	所有 OSPF 路由器	33:33:0:0:0:5
	FF02::6	所有 OSPF 指定路由器	33:33:0:0:0:6
	FF02::9	所有 RIP 路由器	33:33:0:0:0:9
	FF02::D	所有 PIM 路由器	33:33:0:0:0:D

3. 任播地址

任播地址没有专门的地址空间，使用的是单播地址的地址空间。任播地址只能作为目的地址，不能作为源地址。

2.2.3 IPv4-IPv6 过渡机制

IPv6 地址能有效缓解 IPv4 地址枯竭问题。IPv4 过渡到 IPv6 主要有以下 3 种途径。

1. 双栈技术

双栈技术是指网络设备同时使用 IPv4 和 IPv6，即计算机既能使用 IPv4 网络通信，又能使用 IPv6 网络通信。

2. 隧道技术

隧道技术是指在 IPv6 分组进入 IPv4 网络时，在隧道的入口处（路由器）将 IPv6 分组封装成 IPv4 分组；当 IPv4 分组离开 IPv4 网络时，在隧道的出口处（路由器）再将 IPv6 分组取出转发给目标节点。

3. 协议翻译技术

协议翻译技术是指相互翻译 IPv6 报头和 IPv4 报头，实现 IPv4/IPv6 协议和地址的转换。

实际部署时需要从周期性、实现成本、技术难度、部署便捷性及运维难度等多方面综合考虑后，再选择使用哪种过渡技术。3 种过渡技术的对比如表 2-9 所示。

表 2-9 3 种过渡技术的对比

过渡技术	优点	缺点
双栈技术	概念易于理解，网络规划相对简单，在 IPv6 逻辑网络中可以充分发挥 IPv6 的所有优点	节点设备要求较高，网络升级改造将涉及网络中的所有节点，增加了网络的复杂度
隧道技术	非常容易实现，只要求在隧道的入口处和出口处进行修改，对其他部分没有要求	IPv4 计算机与 IPv6 计算机不能直接通信，无法解决 IPv4 地址短缺的问题
协议翻译技术	不需要进行 IPv4、IPv6 节点设备的升级改造	IPv4 节点访问 IPv6 节点的实现方法比较复杂，网络设备进行协议转换、地址转换的处理开销较大，一般在其他互通方式无法使用的情况下使用

【任务实施】手动配置 IPv6 地址

组建双机互联网络，两台计算机分别配置 IPv6 全球单播地址 2001:10:10:20::1/64 和 2001:10:10:20::2/64，使用 ping 命令进行测试。

其具体实现步骤如下。

步骤 1：组建双机互联网络，配置 IPv6 地址。启动 eNSP，新建拓扑，拓扑中只需要两台计算机，使用 Auto 方式进行设备连线，如图 2-8 所示，两台 PC 的 IPv6 地址配置如图 2-9 所示。

手动配置 IPv6 地址

图 2-8 手动配置 IPv6 地址拓扑图

图 2-9　两台 PC 的 IPv6 地址配置

步骤 2：测试。PC1 切换到"命令行"选项卡，输入"ping+空格+PC2 的 IPv6 地址"，出现 TTL 值说明配置成功，两台计算机连通，如图 2-10 所示。

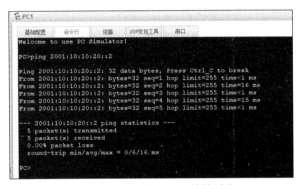

图 2-10　手动配置 IPv6 地址测试

两台计算机同时配置 IPv4 地址，进行 ping 测试。可以发现，两台计算机也可以连通，因为计算机同时开启了 IPv4 和 IPv6。

【任务拓展】使用自动获取方式配置 IPv6 地址

组建图 2-11 所示的网络拓扑图，PC1 和 AR1 的 GE 0/0/0 接口手动配置 2001:10:10:10::/64 网段的 IPv6 地址，PC2 和 AR1 的 GE 0/0/1 接口配置 2001:10:10:20::/64 网段的 IPv6 地址。其中，AR1 的 GE 0/0/1 接口的 IPv6 地址手动配置，并在 AR1 开启 IPv6 动态主机配置协议（Dynamic Host Configuration Protocol for IPv6，DHCPv6），提供自动分配 IPv6 地址服务，PC2 通过 DHCP 自动获取 IPv6 地址。

使用自动获取方式
配置 IPv6 地址

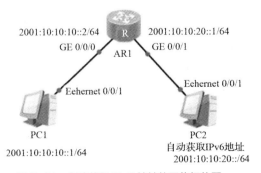

图 2-11　自动获取 IPv6 地址的网络拓扑图

步骤 1：组建网络拓扑。启动 eNSP，新建拓扑，拓扑中只需要 2 台计算机和 1 台 AR2220 路由器，使用 Auto 方式连接 3 台设备。PC1 和 PC2 的 IPv6 地址配置如图 2-12 所示。

图 2-12　PC1 和 PC2 的 IPv6 地址配置

步骤 2：配置路由器。

路由器启动后，双击路由器即可进入路由器"命令行"选项卡进行配置，具体配置如下。

（1）路由器开启 IPv6 功能。

```
<Huawei>                    //<>是用户模式，[]是系统模式
<Huawei>system-view         //由用户模式进入系统模式
[Huawei]ipv6                //开启 IPv6 功能
```

（2）路由器接口配置 IPv6 地址。

```
[Huawei]interface G0/0/0                        //配置 AR1 的 GE0/0/0 接口
[Huawei-GigabitEthernet0/0/0]ipv6 enable  //接口开启 IPv6 功能
[Huawei-GigabitEthernet0/0/0]ipv6 address 2001:10:10:10::2 64 //接口配置 IPv6 地址
[Huawei-GigabitEthernet0/0/0]quit               //退出接口配置
[Huawei]interface G0/0/1                        //配置 AR1 的 GE0/0/1 接口
[Huawei-GigabitEthernet0/0/1]ipv6 enable  //接口开启 IPv6 功能
[Huawei-GigabitEthernet0/0/1]ipv6 address 2001:10:10:20::1 64//接口配置 IPv6 地址
[Huawei-GigabitEthernet0/0/1]quit               //退出接口配置
[Huawei]
```

完成以上配置后，测试 PC1 和 AR1 GE 0/0/0 接口是否可以连通，如图 2-13 所示，出现 TTL 值说明接口配置正确，直连网络互通。

```
[Huawei]ping ipv6 2001:10:10:10::1
  PING 2001:10:10:10::1 : 56  data bytes, press CTRL_C to break
    Reply from 2001:10:10:10::1
    bytes=56 Sequence=1 hop limit=255  time = 20 ms
    Reply from 2001:10:10:10::1
    bytes=56 Sequence=2 hop limit=255  time = 10 ms
    Reply from 2001:10:10:10::1
    bytes=56 Sequence=3 hop limit=255  time = 10 ms
    Reply from 2001:10:10:10::1
    bytes=56 Sequence=4 hop limit=255  time = 10 ms
    Reply from 2001:10:10:10::1
    bytes=56 Sequence=5 hop limit=255  time = 10 ms

  --- 2001:10:10:10::1 ping statistics ---
    5 packet(s) transmitted
    5 packet(s) received
    0.00% packet loss
    round-trip min/avg/max = 10/12/20 ms
```

图 2-13　PC1 与 AR1 直连接口测试

（3）路由器开启 DHCPv6 服务。

```
[Huawei]dhcp enable              //开启 DHCP 服务
[Huawei]dhcpv6 pool AA           //创建名为 AA 的 IPv6 地址池
//在 IPv6 地址池视图下绑定 IPv6 地址前缀
[Huawei-dhcpv6-pool-AA]address prefix 2001:10:10:20::/64
[Huawei-dhcpv6-pool-AA]excluded-address 2001:10:10:20::1 to 2001:10:10:20::9
//配置 IPv6 地址池中不参与自动分配的 IPv6 地址范围
[Huawei]interface G0/0/1         //配置 AR1 的 GE0/0/1 接口
[Huawei-GigabitEthernet0/0/1]dhcpv6 server AA     //接口下开启 DHCPv6 服务器功能
[Huawei-GigabitEthernet0/0/1]quit
```

（4）查看 PC2 能否自动获取 IPv6 地址。

PC2 切换到"命令行"选项卡，使用 ipconfig 命令查看能否获取 IPv6 地址。使用 ping 命令测试 PC2 与 AR1 的 GE0/0/1 接口是否连通，如图 2-14 所示。

图 2-14 PC2 与 AR1 直连接口测试

【习题】

一、应知

1. 选择题

（1）IPv4 的 32 位地址共 40 多亿个，IPv6 的 128 位地址是 IPv4 地址总数的（   ）倍。

    A. 4   B. 96   C. 128   D. 2^{96}

（2）制定 IPv6 的主要原因是（   ）。

    A. 增加安全性   B. 报头格式简化

    C. 解决 IPv4 地址短缺问题   D. 简化编址

（3）IPv6 地址 A004 ::F:123D 中的 "::" 代表的二进制位 0 的个数是（　　　）。

    A．64　　　　　　　　B．32　　　　　　C．80　　　　　　　D．48

（4）下列地址中合法的链路本地地址是（　　　）。

    A．FE80::11　　　　　　　　　　　　B．FEC0::2

    C．FF02.:A001　　　　　　　　　　　D．FF02:1:FF00:0101:0202

（5）下列 IPv6 地址中表示错误的是（　　　）。

    A．::1/128　　　　　　　　　　　　B．1:2:3:4:5:6:7:8:/64

    C．1:2::1/64　　　　　　　　　　　D．2001::1/128

2．填空题

（1）ABC0:0000:0000:0000:FF4A:00E6:00A3:0011 是一个合法的 IPv6 地址，用零压缩法压缩以后可以写成（　　　）。

（2）IPv6 地址可以分为 3 类：（　　　）、（　　　）和（　　　）。

二、应会

1．通过网络查询 IPv6 目前有哪些具体的应用。

2．阐述 IPv4 向 IPv6 过渡中运用到的 3 种基本技术。

【项目小结】

本项目介绍了 IPv4 地址和 IPv6 地址的相关计算及应用。IPv4 目前仍被广泛应用，构成互联网技术的基础协议；IPv6 的提出和使用缓解了 IPv4 地址资源枯竭的问题。通过本项目的学习，读者可以熟练掌握 IPv4 等长子网掩码和可变长子网掩码的计算。IPv6 是互联网通信未来主流协议的发展态势，读者可以更深入地了解 IPv6 的报文构成、路由协议及其他支持技术。

项目三
组建小型局域网
03

小型局域网指占地空间小、规模小、建网经费少的计算机网络，常用于家庭、办公室、学校教室、网吧等。最小的局域网是双机互联网络。

本项目旨在帮助读者了解局域网的组成和特点，理解家庭网络、小型办公网络的组网方案，具备能够独立组建这两种局域网的能力。

【项目描述】

某网络工程有限公司承接电信运营商的宽带接入网业务，负责通信产品的安装、调试与维护服务。该公司收到电信运营商收集的客户需求后制定派工单（见图 3-1），安排网络工程师上门施工。宽带接入网业务的客户一般分为家庭用户和企业用户，网络工程师需要提前了解客户的实际情况或现场勘测，然后制定施工方案。施工完成后，客户对项目进行签字验收，派工单被提交至电信运营商归档。

派工单					
工单编号			派单时间		
基本信息	客户姓名		联系电话		客户类别
	客户地址				
处理情况	收到日期		完成日期		返单日期
	派工部门			派工人员	
	使用设备				
	使用材料				
	完成情况				
用户反馈	服务态度	满意□　不满意□		服务质量	满意□　不满意□
	用户签名				

图 3-1　派工单

【知识梳理】

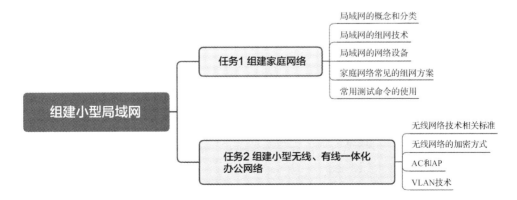

【项目目标】

知识目标	技能目标	素养目标
了解局域网的概念、分类和组网技术	1. 能够阐述局域网的特点 2. 能够概述局域网组网技术的特点	培养敬业、科学、严谨的工作态度
了解局域网的网络设备	1. 能够识别局域网设备的类型 2. 能够熟练配置无线路由器、光猫，组建家庭网络	培养独立思考的习惯
熟悉局域网的组网方案	能够根据实际情况选择合适的组网方案并实施	培养分析问题、解决问题的能力
了解无线网络的相关技术标准、加密方式	能够阐述 WEP、WPA、WPA2、WPA-PSK、WPA2-PSK 加密方式的联系和区别	提升网络安全防范意识
掌握 AC 的配置方法	能够熟练配置 AC，组建无线、有线一体化网络	培养精益求精、刻苦钻研的工作作风
掌握 VLAN 的配置方法	能够熟练配置二层交换机和三层交换机	

任务 1　组建家庭网络

建议学时：4 学时。

【任务描述】

某家庭需要安装千兆宽带业务，该家庭房屋室内面积为 120m²，四室两卫。要求在不更改房屋布局的前提下实现全屋 Wi-Fi 信号覆盖。图 3-2 是客户提供的房屋户型图，弱电箱在入户门口的鞋柜上方。请工程师与客户充分沟通后给出合适的解决方案。

图 3-2　房屋户型图

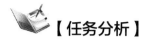

【任务分析】

Mesh 组网是一种网络拓扑结构，其中每个节点都可以与其他节点直接通信，并且每个节点都可以将数据转发到其他节点。Mesh 组网适用于房屋面积为 110～140m² ，装修时没有预埋网线，但又希望实现全屋 Wi-Fi 信号覆盖的家庭。结合客户的房屋户型图，建议使用 Mesh 组网方式。该方式使用带有"光猫+无线路由器"功能的智能网关设备，既可以支持使用有线网络连接的电视，能满足无线终端的 Wi-Fi 需求。

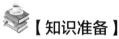

【知识准备】

3.1.1 局域网的概念和分类

局域网是指在某一区域内（一般为数百米至数千米，如一间房、一层楼、一栋楼、一所学校）的各种计算机、终端与外部设备互联形成的网络。局域网在网络中有着非常重要的地位，应用非常广泛。

根据传输介质类型的不同，通常可以把局域网分为有线局域网和无线局域网两类。有线局域网通常使用的传输介质是双绞线和光纤；无线局域网（Wireless LAN，WLAN）通常只使用无线电波和红外线作为传输介质，其中 Wi-Fi 网络使用的传输介质是无线电波。

3.1.2 局域网的组网技术

1. 以太网技术

以太网是应用最为广泛的局域网技术，取代了其他局域网技术，如令牌环（Token Ring）、FDDI 和附加资源计算机网络（Attached Resource Computer Network，ARCnet）。以太网包括标准以太网（10Mbit/s）、快速以太网（100Mbit/s）、千兆以太网（1000 Mbit/s）和10Gbit/s 以太网，它们都符合 IEEE 802.3 系列标准规范。以太网的逻辑拓扑是总线型，物理拓扑是星形，使用带冲突检测的载波监听多路访问（Carrier Sense Multiple Access/Collision Detection，CSMA/CD）协议管理网络中的数据传输。CSMA/CD 的工作原理可概括如下：先听后发、边发边听、冲突停发、随机延迟后重发。发送数据前，先监听信道是否空闲。若信道空闲，则立即发送数据；若信道忙碌，则等待一段时间至信道中的信息传输结束后再发送数据。

2. ATM 技术

异步传输模式（Asynchronous Transfer Mode，ATM）是一种单元交换技术，信元是 ATM 的数据单元，长度是 53 字节。ATM 可应用在局域网和广域网中，是实现宽带综合业务数字网（Broadband Integrated Service Digital Network，BISDN）业务的核心技术之一。ATM 的优势如下。

（1）使用相同的数据单元，可实现广域网和局域网的无缝连接。

（2）ATM 支持 VLAN 功能，可以对网络进行灵活的管理和配置。

（3）ATM 可以为不同的应用提供不同的数据传输速率。

ATM局域网络干线的设备除了 ATM 网络接口适配器外，还有 ATM 网络干线交换和 ATM/LAN 交换机等。

3. 无线局域网技术

无线局域网是使用无线通信技术组成的计算机网络，是最为热门的一种局域网。无线局域网技术主要有 Wi-Fi 技术、蓝牙技术等。Wi-Fi 主要用于公共区域，可接入多个用户，蓝牙主要用于个人设备连接，两者的信息传输都有一定的区域限制。相比于有线网络，无线网络的优势在于不必考虑位置和线路因素，并且可以根据用户的需求进行移动。

3.1.3　局域网的网络设备

局域网中常用的网络设备有无线路由器、调制解调器、交换机和路由器，不同网络类型的组网方案包含不同类型的设备。表 3-1 展示了局域网网络设备的功能和作用、实物图。

表 3-1　局域网网络设备的功能和作用、实物图

网络设备	功能和作用	实物图
无线路由器	搭建无线网络，允许无线终端设备连接到网络	
调制解调器	信号转换器，如在电话网络中，调制解调器是一种通过电话拨号接入互联网的必备硬件设备，用于实现模拟信号与数字信号的相互转换；在光纤网络中，调制解调器（俗称"光猫"）与入户的光纤连接，并将光信号转换为数字信号。现在很多调制解调器集成了无线路由器的功能	
交换机	局域网的交换机也称以太网交换机，其核心功能是实现以太网数据包交换。交换机分为二层交换机和三层交换机，两者的区别是三层交换机带有一定的处理网络层甚至更高层数据包的能力	
路由器	连接局域网和广域网的设备，根据信道的情况自动选择和设定路由，以最佳路径有序发送信号	

3.1.4　家庭网络常见的组网方案

现在家庭网络中常用的组网方案有光猫+无线路由器中继（或桥接）组网、Mesh 路由组网。过去一段时间曾出现过电力猫组网方式，但是因为该方式的网络设备运行效能受家用电器影响较大，

所以已经不推荐使用。

1. 组网方案 1: 光猫+无线路由器中继组网

现在网络服务提供商提供的光猫已经集成了无线路由器的功能,包括 NAT 功能、交换机功能(不同型号设备的 LAN 口数可能会有所不同)、无线功能、防火墙功能(基本安全防护)等。如果房屋的房间数量为 1 或 2 个,或者面积较小,则在客厅安装 1 台光猫即可满足有线和无线网络的需求;如果房屋面积较大,房间数量较多,且对无线信号质量要求较高,则可在房间增加无线路由器。网络服务提供商会将光纤接入光猫的光口,在房间的信息面板上接出一条网线,插在无线路由器的 WAN 口上,在无线路由器上设置 DHCP 自动获取上级路由器的 IP 地址,并设置无线网络,供手机及笔记本电脑等无线设备接入。光猫+无线路由器中继组网方案的拓扑图如图 3-3 所示。

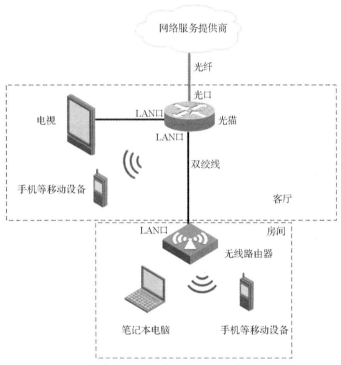

图 3-3　光猫+无线路由器中继组网方案的拓扑图

2. 组网方案 2: Mesh 路由组网

Mesh 网络指无线网格网络。Mesh 组网采用一母多子的方式,母路由器在路由模式下工作,而子路由器在 AP 模式下工作(只负责有线和无线终端接入,类似于带无线功能的交换机)。Mesh 组网中,无线配置信息可以自同步,修改母路由器的 Wi-Fi 等参数配置信息时,子路由器会自动同步这些修改。Mesh 母路由器和子路由器采用相同的俗称"Wi-Fi 名"的服务集标识符(Service Set Identifier,SSID),无线终端可在多台路由器之间无缝漫游,其会自动剔除弱信号路由器,连接强信号路由器,而此时电信运营商的光猫作为网关设备。子母路由器之间的连接方式有有线和无线两种,而对家用 Mesh 组网来说,最好采用有线方式。Mesh 路由组网方案的拓扑图如图 3-4 所示。

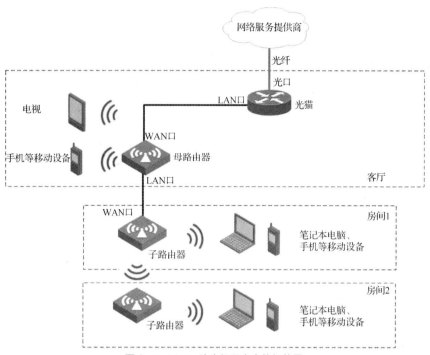

图 3-4　Mesh 路由组网方案的拓扑图

这两种组网方案的最大区别在于，方案 1 中无线路由器的中继功能虽然也能设置相同的 SSID，但需要手动切换或者等一台路由器完全没有信号时才会连接另一台信号好的路由器，不能无缝切换；方案 2 中的子母路由器必须是同一品牌，并支持 Mesh 组网。

3.1.5　常用测试命令的使用

1. ping 命令

ping 命令通常用来确定本地主机是否能与另外一台主机通信。使用 ping 命令对一个网络地址发送测试数据包，查看该网络地址是否有响应并统计响应时间，以此测试网络。返回的 TTL 还可以辅助判断测试主机的操作系统类型，前提是 TTL 未被修改。默认情况下，Windows10/11 操作系统的 TTL 是 128，Linux 操作系统的 TTL 是 64 或 255，UNIX 操作系统的 TTL 是 255。

ping 命令的语法格式如下。

```
ping+空格+[参数]+空格+[目的 IP 地址（或域名）]
```

ping 命令的基本用法如下。

```
ping+空格+目的 IP 地址（或域名）
```

获取 ping 命令的用法和参数选项：按 Win+R 组合键→输入 "cmd"→输入 "ping"→按 Enter 键，结果如图 3-5 所示。

2. tracert 命令

tracert 命令用来跟踪消息从一台计算机到另一台计算机或从一台设备到另一台设备所走的路径。在网络出现故障时，tracert 命令能够帮助用户快速定位问题。

tracert 命令的语法格式如下。

```
tracert+空格+[参数]+空格+[目的 IP 地址（或域名）]
```

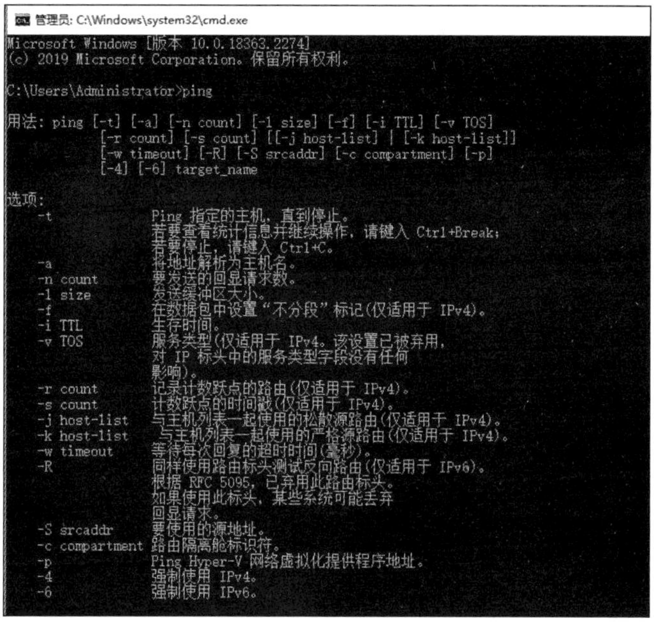

图 3-5　ping 命令的用法和参数选项

tracert 命令的基本用法如下。

tracert+空格+目的 IP 地址（或域名）

tracert 命令的用法和参数选项的查询方法与 ping 命令一样，结果如图 3-6 所示。

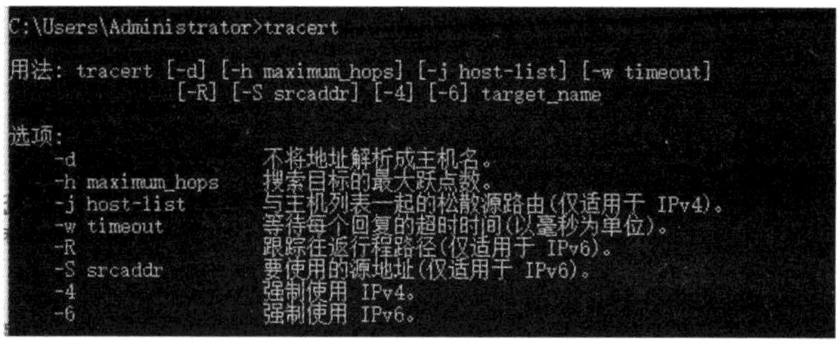

图 3-6　tracert 命令的用法和参数选项

【任务实施】组建家庭网络

本任务选择 Mesh 组网方案组建家庭网络。需要注意的是，使用 Mesh 组网方案时要求选择相同品牌的子母路由器；如果选择无线方式组网，则应尽可能地保证 Mesh 母路由器与子路由器之间 Wi-Fi 信号良好传输，没有东西阻挡，这样才会有更好的效果。

组建家庭网络

下面以中国电信 XG-PON 天翼网关（"光猫+智能路由器"的集合体，具有 Wi-Fi 功能）+华为 Q2　Pro 子母路由器（母路由器为 WS5280 V2，子路由器为 PT8020 V2）为例介绍如何组建家庭网络。

根据房屋户型图，将天翼网关放置在弱电箱内，母路由器 WS5280 V2 放置在鞋柜上方。如果房间过道有插座，则将子路由器 PT8020 V2 放置在过道；如果过道没有插座，则将其放置在信号差的房间。子母路由器的摆放位置如图 3-7 所示。

图 3-7　子母路由器的摆放位置

其具体实现步骤如下。

步骤 1：配置天翼网关。

（1）观察天翼网关底部粘贴的标签，上面给出了设备相关信息，包括设备型号、管理地址、登录账号和密码等。该设备的管理地址是 192.168.1.1，可以通过 Web 页面对其进行配置。天翼网关底部标签如图 3-8 所示。

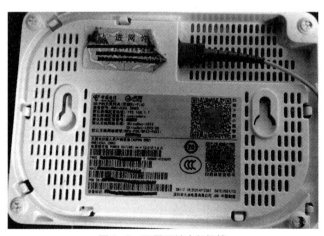

图 3-8　天翼网关底部标签

（2）准备一根直通线，连接计算机的网口和网关的千兆口 1（网关有 3 个千兆口，选择任意一个即可）。网关上电启动完成后，计算机会自动获取一个 192.168.1.X/24 的 IP 地址，在 DOS 命令行窗口中使用 ipconfig 命令可以查询获取的 IP 地址。计算机从网关自动获取的 IP 地址信息如图 3-9 所示。

图 3-9　计算机从网关自动获取的 IP 地址信息

（3）打开浏览器，在地址栏中输入"http://192.168.1.1"，进入网关登录界面，如图 3-10 所示。输入密码（密码可在设备底部标签上找到），单击"确认登录"按钮，进入网关配置主页，如图 3-11 所示。

图 3-10　网关登录界面

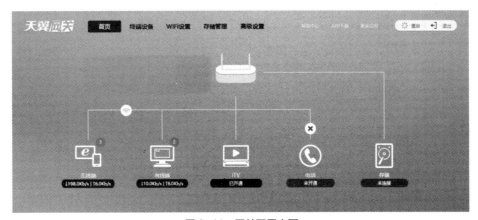

图 3-11　网关配置主页

（4）依次查看菜单"终端设备""Wi-Fi 设置""存储管理""高级设置"的具体内容。"终端设备"菜单中给出了连接网关的有线设备和无线设备的信息，如图 3-12（a）所示。在"Wi-Fi 设置"菜单的"基本设置"选项卡中可以修改 2.4G 和 5G Wi-Fi 的名称和密码，选择信号强度和加密方式，如图 3-12（b）所示；在"Wi-Fi 设置"菜单的"个性化设置"选项卡中可以选择开启"Wi-Fi 定时开关"，并设置 Wi-Fi 开启和关闭的时间，如图 3-12（c）所示；在"Wi-Fi 设置"菜单的"MESH

配置"选项卡中可以开启"MESH 同步"功能，如图 3-12（d）所示。

（a）"终端设备"菜单

（b）"Wi-Fi 设置"菜单的"基本设置"选项卡

（c）"Wi-Fi 设置"菜单的"个性化设置"选项卡

（d）"Wi-Fi 设置"菜单的"MESH 配置"选项卡

图 3-12 "终端设备"菜单和"Wi-Fi 设置"菜单中的相关设置

"高级设置"菜单中有 8 个设置选项卡，可依次查看具体配置内容。其中，在"局域网设置"选项卡中可修改局域网的 IP 地址（管理地址）、开启 DHCP 服务器，并设置下发的 IP 地址范围，实现连接该网关的终端设备自动获得 IP 地址的功能，如图 3-13（a）所示；在"端口映射"选项卡中可设置互联网设备通过指定外部网络端口访问局域网中的服务器，如图 3-13（b）所示。例如，局域网中有一台 Web 服务器提供 WWW 服务，将内部网络端口 80 映射到外部网络端口 8888，在浏览器地址栏中输入"外部网络 IP 地址:8888"，便可访问该 Web 服务器。

（a）"局域网设置"选项卡

（b）"端口映射"选项卡

图 3-13 "高级设置"菜单中的相关设置

到此，天翼网关配置完成。由于天翼网关已经完成了宽带拨号上网设置，因此在配置过程中不需要输入宽带账号和密码。

步骤 2：配置华为母路由器 WS5280 V2。

（1）观察母路由器 WS5280 V2 底部粘贴的标签，上面给出了设备相关信息，如图 3-14 所示，可知该设备管理地址是 192.168.101.1，可以通过 Web 页面对设备进行配置。

图 3-14　母路由器 WS5280 V2 底部标签

（2）准备两根直通线，其中一根连接天翼网关的千兆口 1 和母路由器 WS5280 V2 的一个 WAN/LAN 口，另外一根连接计算机的网口和母路由器 WS5280 V2 的另一个 WAN/LAN 口。母路由器 WS5280 V2 上电启动完成后，计算机会自动获取一个 192.168.101.X/24 的 IP 地址。在 DOS 命令行窗口中使用 ipconfig 命令可以查询获取的 IP 地址。

（3）打开浏览器，在地址栏中输入"http://192.168.101.1"，进入设备配置登录界面，如图 3-15 所示。选中"我已阅读并同意最终用户许可协议和关于华为智能路由器与隐私的声明"单选按钮，单击"马上体验"按钮，进入配置主页。

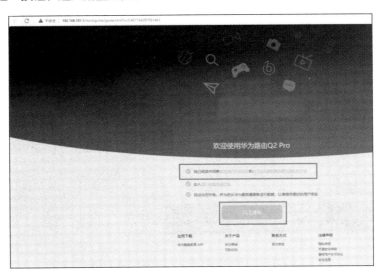

图 3-15　设备配置登录界面

根据"上网向导"提示设置 Wi-Fi 名称和 Wi-Fi 密码，密码复杂度有要求，设置完成后单击"下一步"按钮，如图 3-16（a）所示；将 Wi-Fi 功率模式设置为"Wi-Fi 穿墙模式"，单击"下一步"按钮，如图 3-16（b）所示。此时 Wi-Fi 已设置完成，单击"下一步"按钮，如图 3-16（c）所示，页面刷新，重新进入设备配置登录界面，输入 Wi-Fi 密码可重新进入配置主页，如图 3-16（d）所示。

（a）设置 Wi-Fi 名称和 Wi-Fi 密码

（b）设置 Wi-Fi 功率模式

（c）单击"下一步"按钮

（d）输入 Wi-Fi 密码重新进入配置主页

图 3-16　设置 Wi-Fi 详细步骤

在配置主页中依次展开菜单"主页""我要上网""我的 Wi-Fi""终端管理""更多功能"，查看设备的详细信息。"主页"菜单中显示了连接母路由器 WS5280 V2 的终端设备，如图 3-17（a）所示。"我要上网"菜单中显示互联网连接成功，使用默认配置即可，如图 3-17（b）所示。在"我的 Wi-Fi"菜单中可再次修改 Wi-Fi 设置，如图 3-17（c）所示。"终端管理"菜单管理连接母路由器 WS5280 V2 的终端设备，对设备进行限速，如图 3-17（d）所示。"更多功能"菜单中还有多个功能设置选项卡，可依次查看。其中，"安全设置"选项卡中的"儿童上网保护"功能非常实用，可限制某台设备在某时间段内使用网络，如限制某部手机在周五、周六 18:00～21:00 使用网络，具体设置如图 3-18 所示。

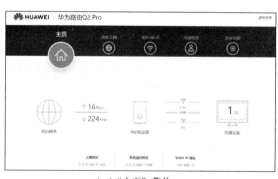
（a）"主页"菜单

（b）"我要上网"菜单

图 3-17　配置主页的菜单

（c）"我的 Wi-Fi"菜单　　　　　　　　　　　　（d）"终端管理"菜单

图 3-17　配置主页的菜单（续）

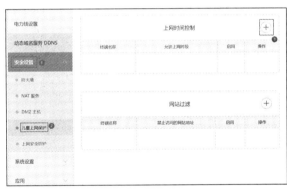

（a）"儿童上网保护"功能　　　　　　　　　　（b）设置限制时间

图 3-18　"儿童上网保护"功能设置

至此，华为母路由器 WS5280 V2 的配置完成。

步骤 3：配置子路由器 PT8020 V2。

子路由器 PT8020 V2 无须手动进行配置，只需将其插入靠近母路由器的电源插座，其就会自动与母路由器配对，完成 Mesh 组网。将子路由器移动到 Wi-Fi 信号弱的房间，子母路由器共用 Wi-Fi 名，可以实现自由无缝切换。子路由器底部有一个千兆 LAN 口，可支持连接一台有线设备。

至此，所有设备配置完成。

华为 Q2 Pro WS5280 V2 是第三代电力猫路由器，其组网性能大大提升，可实现 Wi-Fi 信号无死角覆盖。电力猫组网的原理是利用电力线路作为传输介质，将网络数据信号转换为电信号。电力猫组网包括电力猫适配器和电力猫扩展器两种核心设备，这两种设备不能跨电表插电。由于在实际使用过程中其他电器的使用会影响电力猫的性能，因此该组网方式并没有成为主流的组网方式，厂家基本上不再研发、生产电力猫。

　　工程师施工完成后，对客户进行简单的培训，客户填写派工单的"用户反馈"部分，最后派工单提交至运营商归档，任务结束。

【任务拓展】常见网络故障现象分析与排除

　　以下4个故障现象在家庭网络中很常见，试分析原因并给出解决方法。

　　（1）故障现象1：可以有线上网，但是无法无线上网。

　　分析原因：

　　解决方法：

　　（2）故障现象2：部分手机或者计算机可以无线上网，部分不能无线上网。

　　分析原因：

　　解决方法：

　　（3）故障现象3：可以有线、无线上网，但是网速很慢。

　　分析原因：

　　解决方法：

　　（4）故障现象4：宽带无法上网，光猫和无线路由器指示灯状态正常，在重启设备后网络依然无法使用。

　　分析原因：

　　解决方法：

【习题】

一、应知

1. 选择题

（1）局域网是在小范围内组成的计算机网络，其范围一般是（　　　）。

　　A．50km以内　　　　B．100km以内　　　C．20km以内　　　　D．10km以内

（2）以下设备中通常会影响无线网络的是（　　　）（选择两项）。

　　A．微波炉　　　　　B．外置硬盘驱动器　　C．家庭影院　　　　D．白炽灯泡

（3）图3-19展示的线缆是（　　　）。

　　A．STP　　　　　　B．UTP　　　　　　　C．同轴电缆　　　　D．光纤

图3-19　线缆

（4）终端设备接入无线局域网的正确步骤是（　　　）。

    A. 扫描、认证、关联   B. 关联、认证、扫描

    C. 关联、扫描、认证   D. 扫描、关联、认证

（5）光纤比铜线更适用于建筑物互联的原因是（　　　）（选择两项）。

    A. 容易的端接   B. 更低的安装成本

    C. 持久的连接   D. 更大的带宽潜力

    E. 每条电缆走线距离更远

2. 填空题

（1）无线路由器通过（　　　）口连接互联网。

（2）（　　　）是测试网络连接状况以及信息发送和接收状况的非常有用的工具，是最常用的网络测试命令。

（3）WLAN 技术使用（　　　）介质传输数据。

（4）用于 WLAN 的 IEEE 标准是（　　　）。

（5）要想组建一个基础结构的无线局域网，（　　　）设备是必需的。

二、应会

（1）如果某宿舍办理了宽带接入业务，请描述整个流程。

（2）如果某宿舍使用了无线网络，请登录无线路由器配置界面并修改 Wi-Fi 名称和密码。

任务 2　组建小型无线、有线一体化办公网络

建议学时：4 学时。

【任务描述】

某电子商务企业拥有 20 名员工，占地面积为 300m^2，设有 3 间办公室和 1 间会议室。员工需要使用台式电脑和手机进行办公，且员工在不同的办公室走动时需要网络漫游，不能让工作受到影响。网络工程师如何设计该企业的网络才能同时满足有线、无线网络的需求？

【任务分析】

该企业至少要连接 20 台有线设备，而本项目任务 1 中介绍的两种组网方式的光猫和无线路由器的接口数量都不能满足需求，故需要使用多接口并具有无线功能的设备，推荐使用 AC+AP 组网方案。

AC+AP 组网方案是一种针对大型无线网络的组网方案，其包括 3 个主要部分：AC（具有路由出口功能）、AP 和交换机（连接多台计算机）。这种方案可以提供统一的管理和配置，以及强大的安全控制功能。AC 负责控制局域网内的 AP 设备，包括下发配置、修改配置参数、射频智能管理和接入安全控制等；AP 负责提供 Wi-Fi 信号，连接手机、笔记本电脑等无线终端。

该组网方案使用的设备有 1 台 AC、4 台 AP 和 1 台二层交换机，其中二层交换机的作用是连接 20 台计算机，3 间办公室各放置 1 台 AP，剩余 1 台 AP 放置于会议室。

小型企业 AC+AP 组网拓扑图如图 3-20 所示。

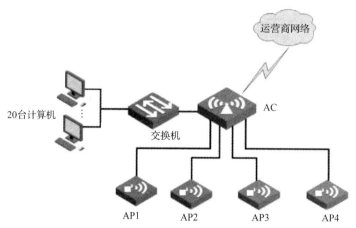

图 3-20　小型企业 AC+AP 组网拓扑图

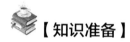【知识准备】

3.2.1　无线网络技术相关标准

Wi-Fi 是一种广泛使用的无线网络技术，其使用 IEEE 802.11 系列标准进行通信。IEEE 802.11 标准涵盖各种类型的 WLAN，包括 802.11a、802.11b、802.11g、802.11n、802.11ac、802.11ax、802.11be 等。每一个标准都对无线网络的最大传输速率、射频波段等做出了规定，并实现了不同程度的改进。IEEE 802.11 系列标准如表 3-2 所示。

表 3-2　IEEE 802.11 系列标准

技术要素	802.11a	802.11b	802.11g	802.11n （Wi-Fi 4）	802.11ac （Wi-Fi 5）	802.11ax （Wi-Fi 6）	802.11be （Wi-Fi 7）
发布时间	1999	1999	2003	2009	2013	2019	2024
射频波段	5GHz	2.4GHz	2.4GHz	2.4/5GHz	5GHz	2.4/5GHz	2.4/5/6GHz
最大传输速率	54Mbit/s	11Mbit/s	54Mbit/s	600Mbit/s	6.93Gbit/s	9.6Gbit/s	30Gbit/s
频宽	20MHz	22MHz	20MHz	20/40MHz	20/40/80/ 160MHz	20/40/80/ 160MHz	20/40/80/160 /320MHz

3.2.2　无线网络的加密方式

无线加密就是在无线网络中使用加密算法进行加密，这样无线网络数据即使被其他人抓取到，因为设有密码，其他人也无法看到其中的内容，起到安全保护的作用。有线等效保密（Wired Equivalent Privacy，WEP）、Wi-Fi 保护接入（Wi-Fi Protected Access，WPA）、WPA2（WPA 第 2 版）、WPA 预共享密钥（WPA-Preshared Key，WPA-PSK）和 WPA2-PSK 都是无线网络的加密方式。

无线网络最初采用的安全机制是 WEP，但是后来人们发现 WEP 很不安全，因此制定了一种称为 WPA 的安全机制。WPA2 是 WPA 的增强版，新增了支持高级加密标准（Advanced Encryption Standard，AES）的加密方式。

WPA-PSK/WPA2-PSK 其实是 WPA/WPA2 的简化版，基于共享密钥的 WPA 形式，安全性很高，设置也相对简单，适用于普通家庭和小型企业。WPA/WPA2 是较安全的加密类型，不过使用此加密类型需要安装 Radius 服务器（第三方密码认证服务器）。

3.2.3 AC 和 AP

1. AC 概述

AC 是无线局域网中一种功能特殊的交换机，负责管理无线网络中的所有 AP。AC 的管理功能如下。

（1）AC 管理 AP，包括下发配置、修改相关配置参数、射频智能管理、接入安全控制等。

（2）AC 承担着认证、授权、计费（Authentication、Authorization、Accounting，AAA）服务器的角色，可以提供认证、加密、授权等服务。另外，AC 可以针对用户进行管理和服务，限制或允许用户访问，开放或关闭相关权限，能够对无线用户进行相关需求管理。

（3）AC 具备流量分类、流量标记，以及保证业务优先级高的数据在 AP 转发时可以优先转发等服务质量（Quality of Service，QoS）保证功能。

市场上的 AC 种类繁多，选购时可以从以下几个方面考虑。

（1）可管理 AP 的最大数量。不同 AC 能管理的 AP 数量不同，如华为 AC6605 最多可管理 1024 台 AP，组网时可根据实际方案选择合适的 AC。

（2）认证功能。不同的 AC 支持不同的认证功能，有的 AC 支持的认证方式包含不需要认证、本地密码认证、MAC 地址认证和第三方服务器密码认证；而有的 AC 除支持以上认证功能外还支持 Web 认证、微信认证、一键上网，并可与其他认证服务器配合实现短信认证等。

（3）其他功能支持情况。不同的 AC 支持的功能不一样，有些 AC 支持速率调整、手动射频绑定、负载均衡等，应根据自己的需求进行选择。

2. AP 概述

AP 是无线网络的接入点，俗称"热点"。

AP 按功能可划分为胖 AP（Fat AP）和瘦 AP（Fit AP）。胖 AP 集天线、加密、认证、网关、漫游、安全等功能于一身，具有路由器（如家庭无线路由器）的功能；瘦 AP 主要提供无线接入、加密等部分服务，其他服务（如射频管理、用户接入、AP 控制、漫游控制等）由 AC 提供。

AP 的安装方式根据实际环境决定。室内 AP 安装方式有挂墙、室内吸顶、室内 T 形龙骨、室内 U 形龙骨、嵌入式、86 盒、桌面安装等，推荐安装高度是 3～4m；室外 AP 安装方式有挂墙、抱杆安装，全向天线的推荐安装高度是 4～6m，定向天线（60°×30°）的推荐安装高度是 6～8m。

3.2.4 VLAN 技术

VLAN 技术是局域网交换机经常使用的技术，特点是同一 VLAN 内的计算机可以相互通信，不同 VLAN 内的计算机必须借助三层设备（三层交换机或路由器）通信。对于 VLAN 技术，需要掌握以下 3 个概念。

1. VLAN ID

VLAN ID 也称 VLAN 号，用于标识 VLAN，VLAN ID 范围为 0～4095，可用范围为 1～4094，其中 0 和 4095 是系统保留 VLAN，VLAN 1 是所有交换机接口默认的 VLAN。

2. VLAN tag

VLAN tag 即 VLAN 标签。发送端发出数据帧后，交换机会收到此数据帧，并为此数据帧打上一个 VLAN tag（tag 中的 VLAN ID 就是交换机收到数据帧的接口的 VLAN ID）。交换机检查目的 MAC 地址的计算机接口的 VLAN ID，如果此 VLAN ID 与数据帧中的 VLAN ID 一致，则转发该数据帧，否则丢弃该数据帧。数据帧离开交换机时，带标签发送。接收端交换机收到数据帧后，检查目的 MAC 地址的计算机接口的 VLAN ID，如果此 VLAN ID 与数据帧中的 VLAN ID 一致，则转发该数据帧，否则丢弃该数据帧。

3. 交换机的接口类型

华为交换机的接口类型分为 access、trunk 和 hybrid 这 3 种。

（1）access：一般用于连接计算机、服务器等终端设备的接口，一个接口只能加入一个 VLAN。

（2）trunk：用于交换机之间进行级联，连接路由器、防火墙等设备的子接口，可以加入多个 VLAN。

（3）hybrid：混合模式，可以连接计算机、交换机、路由器的接口，加入多个 VLAN，手动配置哪个 VLAN 带 tag、哪个 VLAN 不带 tag。

【任务实施】组建小型办公网络

组建小型办公网络

本次任务使用 eNSP 进行模拟实验，使用的设备有 AC6605、AP3030、S3700、PC、STA、Cellphone 和 AR2220（模拟运营商网络）。AC 与运营商使用 202.1.1.0/30 网段连接，AC 与 4 个 AP 使用 10.10.10.0/24 网段连接，有线终端分配 192.168.20.0/24 网段，无线终端自动分配 192.168.10.0/24 网段。小型办公网络拓扑图如图 3-21 所示。

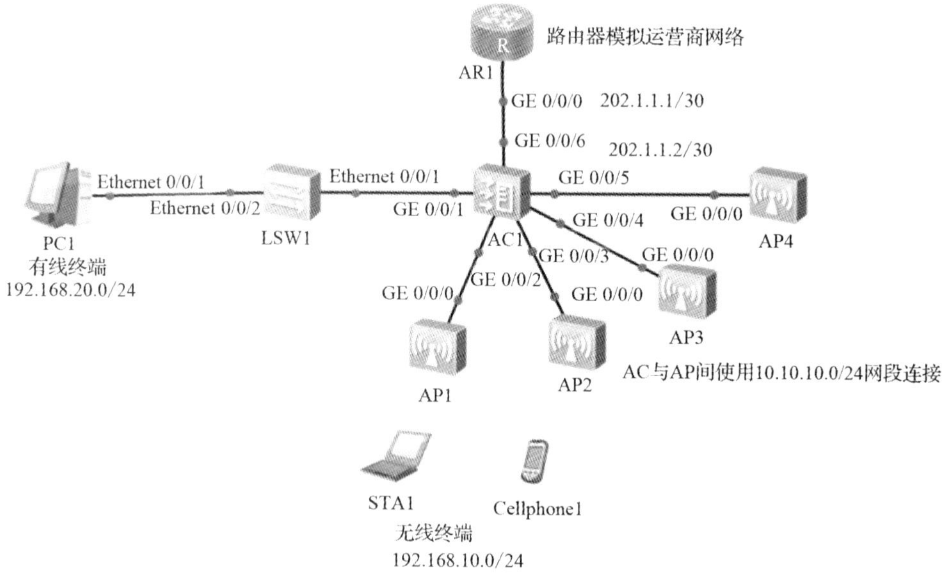

图 3-21 小型办公网络拓扑图

小型办公网络详细的配置项设置如表 3-3 所示。

表 3-3　小型办公网络详细的配置项设置

配置项	数据
AP 管理 VLAN	VLAN 100
无线业务 VLAN（无线终端自动获取 IP 地址）	VLAN 10
有线业务 VLAN（有线终端分配 IP 地址）	VLAN 20
运营商网络	VLAN 200
DHCP 服务器	AC 作为 DHCP 服务器为 AP 分配 IP 地址，汇聚交换机 LSW1 作为 DHCP 服务器为 STA 分配 IP 地址
AP 的 IP 地址池	10.10.10.0/24
STA 的 IP 地址池	192.168.10.0/24
PC 的 IP 地址池	192.168.20.0/24
路由器连接 AC 的接口的 IP 地址	202.1.1.1/30
AC 连接路由器的接口的 IP 地址	VLANIF 200:202.1.1.2/30
AC 管理 VLAN 的接口的 IP 地址	VLANIF 100:10.10.10.1/24
AC 的无线业务 VLAN 接口的 IP 地址	VLANIF 10:192.168.10.1/24
AC 的有线业务 VLAN 接口的 IP 地址	VLANIF 20:192.168.20.1/24
AP 组	1. 名称：ap-group-1 2. 引用模板：VAP 模板 wlan-vap，域管理模板 domain-1
域管理模板	1. 名称：domain-1 2. 国家/地区码：cn（中国）
SSID 模板	1. 名称：wlan-ssid 2. SSID 名称：wlan-net
安全模板	1. 名称：wlan-security 2. 安全策略：WPA2-PSK-AES 3. 密码：abc123456
虚拟接入点（Virtual Access Point，VAP）模板（VAP 模板引用 SSID 模板和安全模板）	1. 名称：wlan-vap 2. 转发模式：直接转发 3. 业务 VLAN：VLAN 10、VLAN 20 4. 引用模板：SSID 模板 wlan-ssid、安全模板 wlan-security

其具体实现步骤如下。

步骤 1：组建网络拓扑图。启动 eNSP，根据图 3-21 选择设备并连线。

步骤 2：配置 AC。

AC 配置思路如图 3-22 所示。

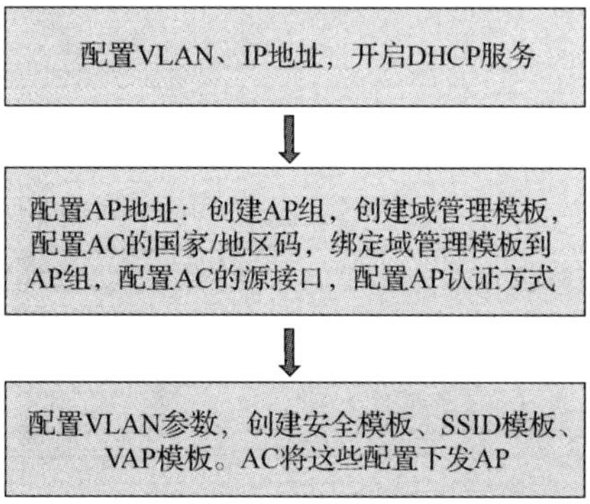

配置VLAN、IP地址，开启DHCP服务

配置AP地址：创建AP组，创建域管理模板，配置AC的国家/地区码，绑定域管理模板到AP组，配置AC的源接口，配置AP认证方式

配置VLAN参数，创建安全模板、SSID模板、VAP模板。AC将这些配置下发AP

图 3-22　AC 配置思路

（1）配置 AP 与 AC，实现网络互通。

将接口 GE0/0/2 加入 VLAN 100（管理 VLAN）和 VLAN 10（无线业务 VLAN）。

```
<AC6605>
<AC6605>system-view              //由用户模式进入系统模式，命令可缩写为 sy
[AC6605]vlan batch 10 20 100  //创建 VLAN 10、VLAN 20、VLAN 100
//配置 AC1 与 AP1 连接的接口 GE 0/0/2，命令可缩写为 int g0/0/2
[AC6605]interface GigabitEthernet 0/0/2
[AC6605-GigabitEthernet0/0/2]port link-type trunk        //设置接口模式为 trunk
[AC6605-GigabitEthernet0/0/2]port trunk pvid vlan 100 //设置 PVID 为 VLAN 100
//接口允许 VLAN 10、VLAN 100 数据通过
[AC6605-GigabitEthernet0/0/2]port trunk allow-pass vlan 10 100
[AC6605-GigabitEthernet0/0/2]port-isolate enable        //开启端口隔离功能
[AC6605-GigabitEthernet0/0/2]quit //接口模式返回系统模式，命令可缩写为 q
[AC6605]
```

（2）配置 AC 为 DHCP 服务器，为 AP、STA 和 PC 分配 IP 地址。

配置基于接口地址池的 DHCP 服务器，其中 VLAN 100 接口为 AP 提供 IP 地址，VLAN 10 接口为 STA 提供 IP 地址。

```
[AC6605]dhcp eanble               //开启 DHCP 服务
[AC6605]interface Vlanif 100 //配置 VLAN 100 接口
[AC6605-Vlanif100]ip address 10.10.10.1 24 //配置地址，该地址也是 VLAN 100 的网关地址
[AC6605-Vlanif100]dhcp select interface   //开启接口，开启接口地址池的 DHCP 功能
[AC6605-Vlanif100]quit
[AC6605]interface Vlanif 10   //配置 VLAN 10 接口
//配置地址，该地址也是 VLAN 10 的网关地址
[AC6605-Vlanif10]ip address 192.168.10.1 24
[AC6605-Vlanif10]dhcp select interface //开启接口，开启接口地址池的 DHCP 功能
[AC6605-Vlanif10]quit
[AC6605]interface Vlanif 20   //配置 VLAN 20 接口
//配置地址，该地址也是 VLAN 20 的网关地址
[AC6605-Vlanif20]ip address 192.168.20.1 24
[AC6605-Vlanif20]dhcp select interface //开启接口，开启接口地址池的 DHCP 功能
[AC6605-Vlanif20]quit
[AC6605]
```

（3）配置 AP 上线。

创建 AP 组，将相同配置的 AP 加入同一 AP 组中。

```
[AC6605]wlan   //开启无线配置模式
[AC6605-wlan-view]ap-group name ap-group-1   //创建 AP 组，组名为 ap-group-1
[AC6605-wlan-ap-group-ap-group-1]quit
//配置域管理模板，名称为 domain-1
[AC6605-wlan-view]regulatory-domain-profile name domain-1
```

```
[AC6605-wlan-regulate-domain-domian-1]country-code cn
```
/*设置国家/地区码为中国的国家/地区码*/
```
[AC6605-wlan-regulate-domain-domian-1]quit
[AC6605-wlan-view]ap-group name ap-group-1 //配置 AP 组 ap-group-1
```
//AP 组 ap-group-1 引用域管理模板 domain-1
```
[AC6605-wlan-ap-group-ap-group-1]regulatory-domain-profile domain-1
Warning: Modifying the country code will clear channel, power and antenna gain c
 onfigurations of the radio and reset the AP. Continue?[Y/N]:y //确认应用
[AC6605-wlan-ap-group-ap-group-1]quit
[AC6605-wlan-view]quit
[AC6605]
```
（4）配置 AC 的源接口。
```
[AC6605]capwap source interface Vlanif 100
```
（5）配置 AP1 信息。
```
[AC6605]wlan    //开启无线配置模式
[AC6605-wlan-view]ap auth-mode mac-auth //设置 AP1 与 AC1 之间的认证方式为 MAC 认证
```
/*绑定 AP1 的 MAC 地址，查看 AP1 的 MAC 地址的方法是右击 AP1 图标，在弹出的快捷菜单中选择"配置"命令，弹出"AP1"对话框，如图 3-23 所示*/
```
[AC6605-wlan-view]ap-id 0 ap-mac 00e0-fc0b-28c0
[AC6605-wlan-ap-0]ap-name ap1 //设置 AP1 的名称为 ap1，以便记忆
[AC6605-wlan-ap-0]ap-group ap-group-1 //将 AP1 加入 AP 组 ap-group-1
Warning: This operation may cause AP reset. If the country code changes, it will
 clear channel, power and antenna gain configurations of the radio, Whether to c
 ontinue? [Y/N]:y //确认应用
[AC6605-wlan-ap-0]quit
[AC6605-wlan-view]
```

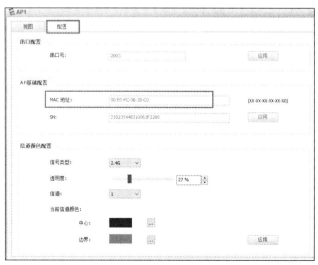

图 3-23 "AP1"对话框

（6）查看 AP1 是否上线成功。

执行命令"dis ap all"，当 AP 的"State"字段为"nor"时，表示 AP1 正常上线，如图 3-24 所示，此时 AP1 自动获取 10.10.10.0/24 网段的 IP 地址。

```
[AC6605-wlan-view]display ap all
```

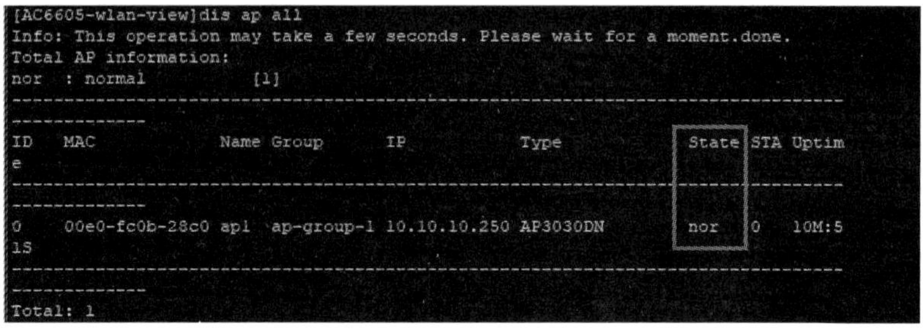

```
[AC6605-wlan-view]dis ap all
Info: This operation may take a few seconds. Please wait for a moment.done.
Total AP information:
nor  : normal          [1]
-------------------------------------------------------------------------
ID   MAC            Name Group       IP          Type        State STA Uptim
e
-------------------------------------------------------------------------
0    00e0-fc0b-28c0 ap1  ap-group-1 10.10.10.250 AP3030DN    nor   0   10M:5
1S
-------------------------------------------------------------------------
Total: 1
```

图 3-24　AP1 正常上线

（7）配置 WLAN 业务参数。

创建名为 wlan-security 的安全模板，并配置安全策略。

```
//创建安全模板，名称为 wlan-security
[AC6605-wlan-view]security-profile name wlan-security
//配置安全策略为 WPA2-PSK-AES，密码为 abc123456
[AC6605-wlan-sec-prof-wlan-security]security wpa2 psk pass-phrase abc123456 aes
[AC6605-wlan-sec-prof-wlan-security]quit
[AC6605-wlan-view]ssid-profile name wlan-ssid      //创建 SSID 模板，名称为 wlan-ssid
[AC6605-wlan-ssid-prof-wlan-ssid]ssid wlan-net //创建 SSID 名称为 wlan-net
[AC6605-wlan-ssid-prof-wlan-ssid]quit
[AC6605-wlan-view]vap-profile name wlan-vap  //创建 VAP 模板，名称为 wlan-vap
[AC6605-wlan-vap-prof-wlan-vap]service-vlan vlan-id 10 //绑定 VLAN 10
//引用安全模板 wlan-security
[AC6605-wlan-vap-prof-wlan-vap]security-profile wlan-security
[AC6605-wlan-vap-prof-wlan-vap]ssid-profile wlan-ssid //引用 SSID 模板 wlan-ssid
[AC6605-wlan-vap-prof-wlan-vap]quit
[AC6605-wlan-view]ap-group name ap-group-1   //配置 AP 组 ap-group-1
//引用 VAP 模板 wlan-vap 到所有射频
[AC6605-wlan-ap-group-ap-group-1]vap-profile wlan-vap wlan 1 radio all
[AC6605-wlan-ap-group-ap-group-1]quit
[AC6605-wlan-view]quit
[AC6605]
```

此时可看到拓扑图中出现了信号圈，如图 3-25 所示，使用 STA1 连接无线网络，测试网络是否可用。选择其中一个 Wi-Fi 信道并输入 Wi-Fi 密码，连接设置如图 3-26 所示。在"STA1"对话框的"命令行"选项卡中使用 ipconfig 命令，查看是否从 AC 自动获取到了 192.168.10.0/24 网段的 IP 地址，若获取到 IP 地址，则说明 AP1 与 AC 连接成功并生成了无线网络。STA1 IP 地址获取情况如图 3-27 所示。

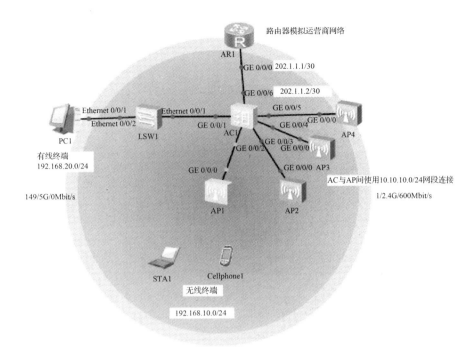

图 3-25 信号圈

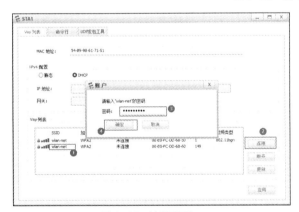

图 3-26 连接设置

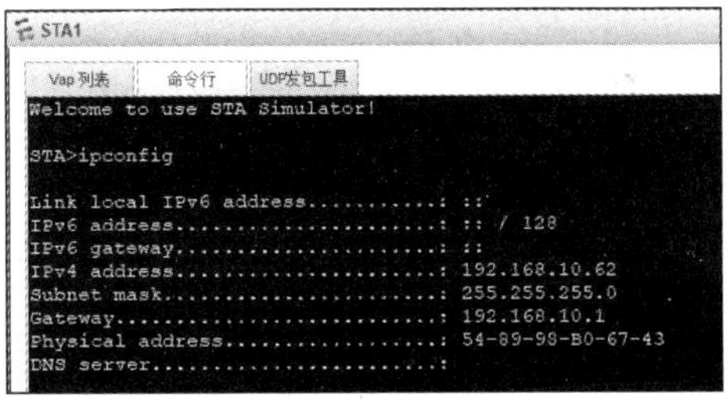

图 3-27 STA1 IP 地址获取情况

（8）使用相同的方法配置 AP2、AP3 和 AP4 的信息，让它们上线。

① 配置 AP2 信息。

```
[AC6605]interface GigabitEthernet 0/0/3    //配置 AC1 与 AP2 连接的接口 GE 0/0/3
[AC6605-GigabitEthernet0/0/3]port link-type trunk  //设置接口模式为 trunk
[AC6605-GigabitEthernet0/0/3]port trunk pvid vlan 100 //设置 PVID 为 VLAN 100
//接口允许 VLAN 10、VLAN 100 数据通过
[AC6605-GigabitEthernet0/0/3]port trunk allow-pass vlan 10 100
[AC6605-GigabitEthernet0/0/3]port-isolate enable //开启端口隔离功能
[AC6605-GigabitEthernet0/0/3]quit    //接口模式返回系统模式
[AC6605]
[AC6605]wlan    //开启无线配置模式
```

```
[AC6605-wlan-view]ap auth-mode mac-auth //设置AP2与AC1之间的认证方式为MAC认证
//绑定AP2的MAC地址
[AC6605-wlan-view]ap-id 1 ap-mac 00e0-fcba-17c0
[AC6605-wlan-ap-1]ap-name ap2 //设置AP2的名称为ap2，以便记忆
[AC6605-wlan-ap-1]ap-group ap-group-1 //将AP2加入AP组ap-group-1
Warning: This operation may cause AP reset. If the country code changes, it will
 clear channel, power and antenna gain configurations of the radio, Whether to c
 ontinue? [Y/N]:y //确认应用
[AC6605-wlan-ap-1]quit
[AC6605-wlan-view]
```

② 配置 AP3 信息。

```
[AC6605]interface GigabitEthernet 0/0/4    //配置AC1与AP3连接的接口GE 0/0/4
[AC6605-GigabitEthernet0/0/4]port link-type trunk //设置接口模式为trunk
[AC6605-GigabitEthernet0/0/4]port trunk pvid vlan 100 //设置PVID为VLAN 100
//接口允许VLAN 10、VLAN 100数据通过
[AC6605-GigabitEthernet0/0/4]port trunk allow-pass vlan 10 100
[AC6605-GigabitEthernet0/0/4]port-isolate enable //开启端口隔离功能
[AC6605-GigabitEthernet0/0/4]quit  //接口模式返回系统模式
[AC6605]
[AC6605]wlan  //开启无线配置模式
[AC6605-wlan-view]ap auth-mode mac-auth //设置AP3与AC1之间的认证方式为MAC认证
//绑定AP3的MAC地址
[AC6605-wlan-view]ap-id 2 ap-mac 00e0-fc9e-1c90
[AC6605-wlan-ap-2]ap-name ap3 //设置AP3的名称为ap3，以便记忆
[AC6605-wlan-ap-2]ap-group ap-group-1 //将AP3加入AP组ap-group-1
Warning: This operation may cause AP reset. If the country code changes, it will
 clear channel, power and antenna gain configurations of the radio, Whether to c
 ontinue? [Y/N]:y //确认应用
[AC6605-wlan-ap-2]quit
[AC6605-wlan-view]
```

③ 配置 AP4 信息。

```
[AC6605]interface GigabitEthernet 0/0/5    //配置AC1与AP4连接的接口GE0/0/5
[AC6605-GigabitEthernet0/0/5]port link-type trunk  //设置接口模式为trunk
[AC6605-GigabitEthernet0/0/5]port trunk pvid vlan 100 //设置PVID为VLAN 100
//接口允许VLAN 10、VLAN 100数据通过
[AC6605-GigabitEthernet0/0/5]port trunk allow-pass vlan 10 100
[AC6605-GigabitEthernet0/0/5]port-isolate enable //开启端口隔离功能
[AC6605-GigabitEthernet0/0/5]quit  //接口模式返回系统模式
[AC6605]
[AC6605]wlan  //开启无线配置模式
```

```
[AC6605-wlan-view]ap auth-mode mac-auth //设置AP4与AC1之间的认证方式为MAC认证
//绑定AP4的MAC地址
[AC6605-wlan-view]ap-id 3 ap-mac 00e0-fc9e-1c90
[AC6605-wlan-ap-3]ap-name ap4 //设置AP4的名称为ap4,以便记忆
[AC6605-wlan-ap-3]ap-group ap-group-1 //将AP4加入AP组ap-group-1
Warning: This operation may cause AP reset. If the country code changes, it will
 clear channel, power and antenna gain configurations of the radio, Whether to c
ontinue? [Y/N]:y //确认应用
[AC6605-wlan-ap-3]quit
[AC6605-wlan-view]
```

执行命令"dis ap all",查看AP的上线情况,"State"字段均为"nor",表示所有AP正常上线,如图3-28所示,4个AP分别生成Wi-Fi信号,效果如图3-29所示。

```
[AC6605-wlan-view]dis ap all
Info: This operation may take a few seconds. Please wait for a moment.done.
Total AP information:
nor : normal          [4]
------------
ID  MAC          Name Group    IP            Type      State STA Uptim
e
------------
0   00e0-fc0b-28c0 ap1  ap-group-1 10.10.10.250 AP3030DN   nor  1  45M:2
8S
1   00e0-fcba-17c0 ap2  ap-group-1 10.10.10.30  AP3030DN   nor  0  13S
2   00e0-fc9e-1c90 ap3  ap-group-1 10.10.10.100 AP3030DN   nor  0  5S
3   00e0-fc12-59e0 ap4  ap-group-1 10.10.10.156 AP3030DN   nor  0  5S
------------
Total: 4
```

图 3-28   所有 AP 正常上线

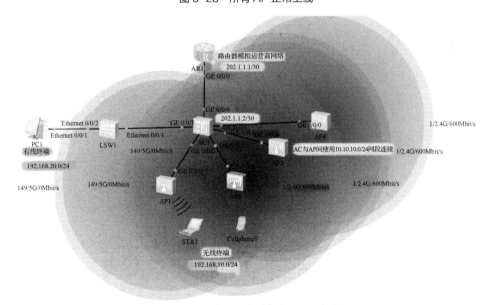

图 3-29   4 个 AP 分别生成 Wi-Fi 信号

（9）二层交换机连接 AC，使有线终端接入网络。

LSW1 接口 Ethernet 0/0/1 连接 AC1，设置为 trunk 模式；接口 Ethernet 0/0/2 连接 PC1，设置为 access 模式。

① 配置 LSW1。

```
<Huawei>system-view
[Huawei]vlan 20  //创建 VLAN 20
[Huawei]interface Ethernet 0/0/1                    //配置接口 Ethernet 0/0/1
[Huawei-Ethernet0/0/1]port link-type trunk          //设置接口为 trunk 模式
//允许 VLAN 10、 VLAN 20、VLAN 100 数据通过
[Huawei-Ethernet0/0/1]port trunk allow-pass vlan 10 20 100
[Huawei-Ethernet0/0/1]quit
[Huawei]interface Ethernet 0/0/2                    //配置接口 Ethernet 0/0/2
[Huawei-Ethernet0/0/1]port link-type access         //设置接口为 access 模式
[Huawei-Ethernet0/0/1]port default vlan 20          //接口加入 VLAN 20
[Huawei-Ethernet0/0/1]quit
```

② 配置 AC。

```
[AC6605]interface GigabitEthernet 0/0/1              //配置接口 GE 0/0/1
[AC6605-GigabitEthernet0/0/1]port link-type trunk //设置接口为 trunk 模式
//允许 VLAN 10、 VLAN 20、VLAN 100 数据通过
[AC6605-GigabitEthernet0/0/1]port trunk allow-pass vlan 10 20 100
AC6605-GigabitEthernet0/0/1]quit
```

测试有线终端能否连接网络。PC1 配置 192.168.20.0/24 网段的 IP 地址，如图 3-30 所示，使用 ping 命令测试 PC1 与 STA1 的连通性，结果如图 3-31 所示，从中可看出有线网络与无线网络互通。

图 3-30　设置 PC1 的 IP 地址

图 3-31　测试 PC1 与 STA1 的连通性

（10）模拟连接互联网。

路由器 AR1 的 GE 0/0/0 接口和 AC1 的 VLANIF 200 配置公有 IP 地址，模拟局域网连接互联网。

① 配置路由器 AR1。

```
[Huawei]interface GigabitEthernet 0/0/0              //配置接口 GE 0/0/0
[Huawei-GigabitEthernet0/0/0]ip add 202.1.1.1 30    //为接口配置 IP 地址
[Huawei-GigabitEthernet0/0/0]quit
[Huawei]ip route-static 0.0.0.0 0.0.0.0 202.1.1.2   //配置互联网数据指向局域网的路由
```

② 配置 AC。

```
[AC6605]vlan 200                                     //创建 VLAN 200，用于连接 AR1
[AC6605-vlan200]quit
[AC6605]interface vlanif 200                         //配置 VLANIF 200
[AC6605-Vlanif200]ip add 202.1.1.2 30               //为接口配置 IP 地址
[AC6605-Vlanif200]quit
[AC6605]interface GigabitEthernet 0/0/6             //配置接口 GE 0/0/6
[AC6605-GigabitEthernet0/0/6]port link-type access   //设置接口模式为 access
[AC6605-GigabitEthernet0/0/6]port default vlan 200   //接口加入 VLAN 200
[AC6605-GigabitEthernet0/0/6]quit
[AC6605]ip route-static 0.0.0.0 0.0.0.0 202.1.1.1 //配置局域网数据指向互联网的路由
```

测试终端能否连接互联网。PC1 和 STA1 分别使用 ping 命令测试与 AR1 的连通性，结果如图 3-32 所示，从中可以看出局域网成功连接上互联网。

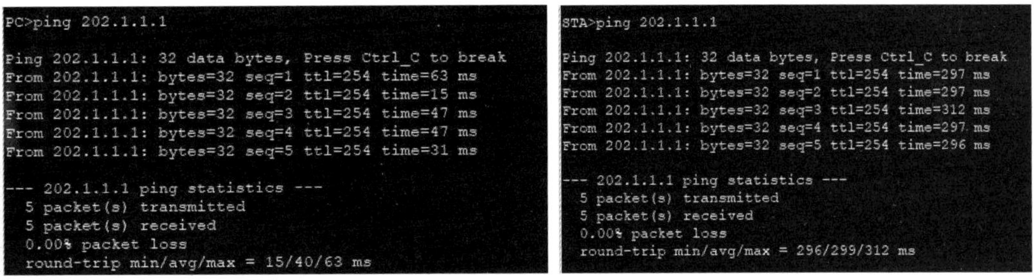

（a）测试 PC1 与 AR1 的连通性 （b）测试 STA1 与 AR1 的连通性

图 3-32　测试 PC1 和 STA1 与 AR1 的连通性

组建小型无线、有线一体化办公网络也可以使用 AC+AP 面板的设备套件，如华为坤灵系列产品，AC 的配置较简单，读者可自行学习。

【任务拓展】配置局域网交换机

在实际工程中，三层交换机的使用很普遍，其集二层交换机和路由器于一体，可以实现数据转发、路由选择，支持 VLAN 技术、端口聚合，保证 QoS，增强网络安全性等。实现 VLAN 间通信是三层交换机的典型应用之一。试使用 eNSP 完成三层交换机的 VLAN 间通信配置。网络有 172.16.10.0/24 和 172.16.20.0/24 两个网段，其中 PC1、PC3 分配 172.16.10.0/24 网段的 IP 地址，PC2、PC4 分配 172.16.20.0/24 网段的 IP 地址，要求 4 台计算机能够两两相互通信。

三层交换机的 VLAN 间通信拓扑图如图 3-33 所示。

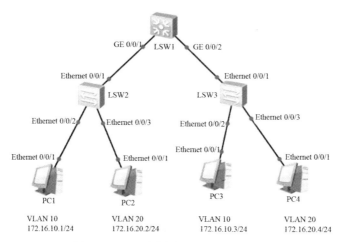

图 3-33　三层交换机的 VLAN 间通信拓扑图

交换机的配置思路如图 3-34 所示。

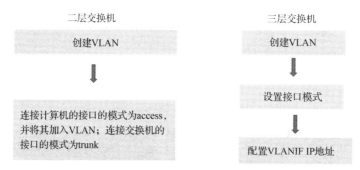

图 3-34　交换机的配置思路

其具体实现步骤如下。

步骤 1：组网，配置 IP 地址。

启动 eNSP，二层交换机使用 S3700，三层交换机使用 S5700，根据拓扑图连接设备并启动，为 4 台计算机配置 IP 地址、子网掩码和网关地址（两个网段的网关地址可分别设置为 172.16.10.254 和 172.16.20.254）。此时，PC1 和 PC3 、PC2 和 PC4 之间可以 ping 通，因为默认情况下交换机的所有接口加入 VLAN 1，VLAN ID 相同、IP 地址属于同一网段的两台设备可以 ping 通。

步骤 2：配置二层交换机。

（1）配置 LSW2。

```
<Huawei>system-view                //进入系统模式
[Huawei]undo info-center enable    //取消开启信息中心功能，关闭频繁的信息提醒
[Huawei]sysname LSW2               //将设备重命名为 LSW2
[LSW2]vlan batch 10 20             //创建 VLAN 10、VLAN 20
[LSW2]interface Ethernet 0/0/1        //配置接口 Ethernet 0/0/1
[LSW2-Ethernet0/0/1]port link-type trunk  //设置接口模式为 trunk
//接口允许 VLAN 10、VLAN 20 数据通过
[LSW2-Ethernet0/0/1]port trunk allow-pass vlan 10 20
```

```
[LSW2-Ethernet0/0/1]quit              //退出接口配置模式
[LSW2]interface Ethernet 0/0/2        //配置接口 Ethernet 0/0/2
[LSW2-Ethernet0/0/2]port link-type access        //设置接口模式为 access
[LSW2-Ethernet0/0/2]port default vlan 10          //接口加入 VLAN 10
[LSW2-Ethernet0/0/2]quit              //退出接口配置模式
[LSW2]interface Ethernet 0/0/3        //配置接口 Ethernet 0/0/3
[LSW2-Ethernet0/0/3]port link-type access
[LSW2-Ethernet0/0/3]port default vlan 20          //接口加入 VLAN 20
[LSW2-Ethernet0/0/3]quit              //退出接口配置模式
```

（2）配置 LSW3。

```
<Huawei>system-view                   //进入系统模式
[Huawei]undo info-center enable       //取消开启信息中心功能，关闭频繁的信息提醒
[Huawei]sysname LSW3                  //将设备重命名为 LSW3
[LSW3]vlan batch 10 20                //创建 VLAN 10、VLAN 20
[LSW3]interface Ethernet 0/0/1        //配置接口 Ethernet 0/0/1
[LSW3-Ethernet0/0/1]port link-type trunk          //设置接口模式为 trunk
//接口允许 VLAN 10、VLAN 20 数据通过
[LSW3-Ethernet0/0/1]port trunk allow-pass vlan 10 20
[LSW3-Ethernet0/0/1]quit              //退出接口配置模式
[LSW3]interface Ethernet 0/0/2        //配置接口 Ethernet 0/0/2
[LSW3-Ethernet0/0/2]port link-type access         //设置接口模式为 access
[LSW3-Ethernet0/0/2]port default vlan 10          //接口加入 VLAN 10
[LSW3-Ethernet0/0/2]quit              //退出接口配置模式
[LSW3]interface Ethernet 0/0/3        //配置接口 Ethernet 0/0/3
[LSW3-Ethernet0/0/3]port link-type access         //设置接口模式为 access
[LSW3-Ethernet0/0/3]port default vlan 20          //接口加入 VLAN 20
[LSW3-Ethernet0/0/3]quit              //退出接口配置模式
```

可以发现两台二层交换机除主机名不一样外其他配置都相同，可使用"刷命令"的方式（先把命令写在文本文档中，再将其复制、粘贴到设备"命令行"选项卡中执行）进行配置，以减少重复工作，使用此方法的前提是对命令非常熟悉，如图 3-35 所示。

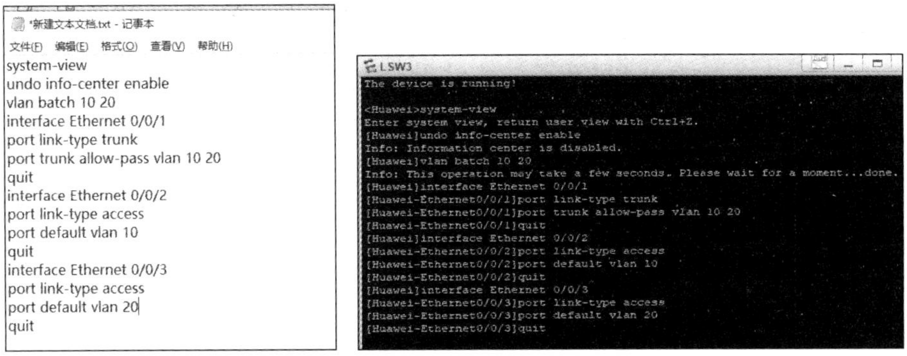

图 3-35　使用"刷命令"的方式进行配置

步骤 3：配置三层交换机。

配置 LSW1。

```
<Huawei>system-view                    //进入系统模式
[Huawei]undo info-center enable        //取消开启信息中心功能，关闭频繁的信息提醒
[Huawei]sysname LSW1                   //将设备重命名为 LSW1
[LSW1]vlan batch 10 20                 //创建 VLAN 10、VLAN 20
[LSW1]int GigabitEthernet 0/0/1        //配置接口 GE 0/0/1
[LSW1-GigabitEthernet0/0/1]port link-type trunk    //设置接口模式为 trunk
//接口允许 VLAN 10、VLAN 20 数据通过
[LSW1-GigabitEthernet0/0/1]port trunk allow-pass vlan 10 20
[LSW1-GigabitEthernet0/0/1]quit    //退出接口配置模式
[LSW1]interface GigabitEthernet 0/0/2              //配置接口 GE 0/0/2
[LSW1-GigabitEthernet0/0/2]port link-type trunk    //设置接口模式为 trunk
//接口允许 VLAN 10、VLAN 20 数据通过
[LSW1-GigabitEthernet0/0/2]port trunk allow-pass vlan 10 20
[LSW1-GigabitEthernet0/0/2]quit    //退出接口配置模式
[LSW1]interface vlanif 10          //配置 VLANIF 10 接口
//为 VLANIF 接口配置 IP 地址，该 IP 地址是 VLAN 的网关地址
[LSW1-Vlanif10]ip address 172.16.10.254 24
[LSW1-Vlanif10]quit                //退出接口配置模式
[LSW1]interface vlanif 20          //配置 VLANIF 20 接口
[LSW1-Vlanif20]ip address 172.16.20.254 24    //配置 IP 地址
[LSW1-Vlanif20]quit                //退出接口配置模式
```

步骤 4：测试。

测试网络连通性。使用 PC1 分别 ping PC2、PC3、PC4，图 3-36 展示的结果表明都可以通信。

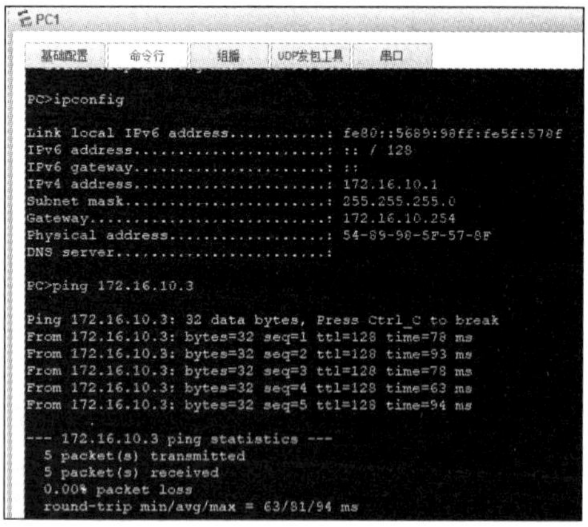

（a）PC1 ping PC3 的结果 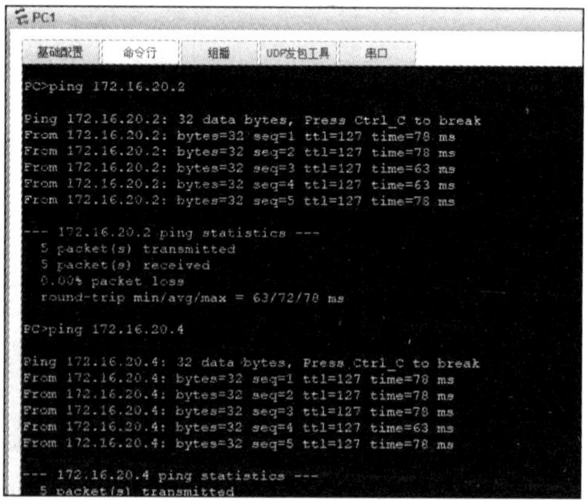　　　　　　　　（b）PC1 ping PC2、PC4 的结果

图 3-36　PC1 分别 ping PC2、PC3、PC4 的结果

步骤 5：其他命令的使用。

在配置过程中出现故障时，以下几个常用命令可帮助排错。

（1）display current-configuration：用来查看设备当前生效的配置参数，检查生效的配置是否有误。

（2）display vlan：用来查看 VLAN 的汇总信息，检查接口是否正确加入 VLAN。

（3）display interface brief：用来查看接口汇总，检查接口的开启和关闭状态。

（4）display ip interface brief：用来查看 IP 地址配置情况，检查 IP 地址配置是否正确。

以上 4 个命令在使用过程中如果出现结果未显示完整的情况，则按 Enter 键使结果逐行向下显示，按 Space 键使结果逐页向下显示。4 个命令的执行效果如图 3-37 所示。

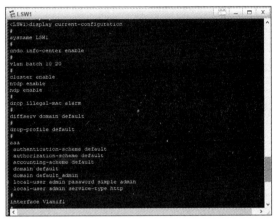

（a）display current-configuration 命令的执行效果

（b）display vlan 命令的执行效果

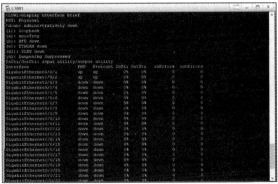

（c）display interface brief 命令的执行效果

（d）display ip interface brief 命令的执行效果

图 3-37　4 个常用测试命令的执行效果

【习题】

一、应知

1. 选择题

（1）第六代 Wi-Fi 技术主要指的是（　　　）。

　　A. IEEE 802.11ac　　B. IEEE 802.11b　　C. IEEE 802.11n　　D. IEEE 802.11ax

（2）Wi-Fi 技术在（　　）领域中没有用到。

　　A. 无线鼠标　　　　B. 远程监控　　　　C. 智能手机　　　　D. 智能家居

（3）华为交换机查看当前配置信息的命令是（　　　）。

    A．dispaly vlan   B．dispaly current-configuration

    C．display interface brief   D．show running-config

（4）二层交换机根据（　　　）信息决定如何转发数据帧。

    A．源 MAC 地址   B．源 IP 地址   C．目的端口   D．目的 MAC 地址

（5）两台交换机相连的接口配置模式是（　　　）。

    A．access   B．trunk   C．port-link   D．hybrid

2．判断题

（1）路由器的网口传输速率是 100Mbit/s，理论上它的无线传输速率可以达到 100Mbit/s。（　　　）

（2）设计一个具有 NAT 功能的小型无线局域网时，应选用的设备是无线路由器。（　　　）

（3）无线网卡是无线局域网中最基本的硬件。（　　　）

（4）trunk 端既能发送带标签的数据帧，又能发送不带标签的数据帧。（　　　）

（5）有效的沟通是任何项目成功的基础，项目经理可以花 90%或者更多的时间在沟通上。

（　　　）

二、应会

（1）使用 eNSP 完成配置实例，要求同一 VLAN 内的计算机能够互通，其组网拓扑如图 3-38 所示。

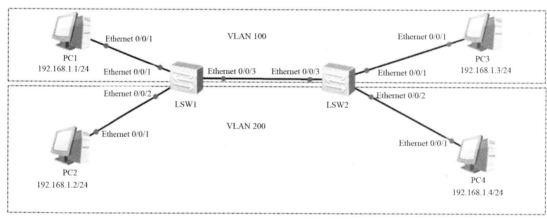

图 3-38　组网拓扑

（2）有一栋占地面积为 300m² 的 3 层别墅需要全屋覆盖无线网络，并且室外需要安装使用有线网络连接的监控，试规划一套合理的组网方案。

【项目小结】

本项目重点介绍了局域网广泛使用的无线局域网技术，通过完成组建家庭网络和小型办公网络两个典型任务，让读者切身体会接收任务、计划任务、实施任务、评价反馈等工作环节。通过学习本项目，读者可以直观地了解网络技术，将所学知识运用到实际中，解决生活中遇到的网络故障。本项目的重点是智能网关、AC 和交换机的配置。

项目四

应用互联网技术

04

"互联网+"是近年来的热点词汇之一，指的是将互联网和其他行业紧密结合的发展策略及理念，其核心是利用互联网技术、平台和资源推动传统行业的创新、升级和转型。电子支付、无人驾驶等场景都印证了互联网的发展已经使人们的生产、生活方式发生了巨大的改变。

通过本项目的学习，读者可以了解互联网的定义、提供的基本服务，了解互联网接入技术，熟悉路由器和防火墙的基本配置，掌握局域网通过 PPPoE 方式接入互联网的配置，熟练使用常用的互联网应用。

【项目描述】

某企业是一家专门从事线上服装销售的电商企业，该企业有 50 名员工，现在需要向电信运营商申请电信网络接入，以满足企业的联网需求。企业内部希望实现网上办公，能够快速访问网络资源，线上直播卖货时网络稳定、流畅等。企业内部网络使用交换机连接终端计算机，使用路由器作为网络出口连接运营商网络。图 4-1 是企业连接互联网的示意图。

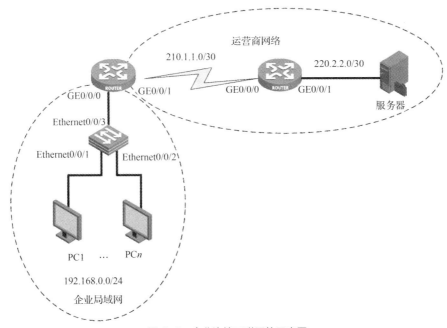

图 4-1　企业连接互联网的示意图

【知识梳理】

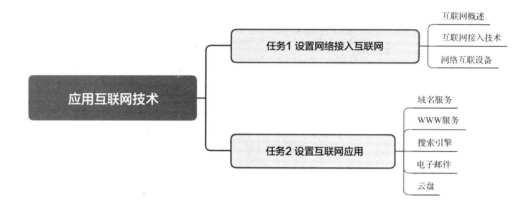

【项目目标】

知识目标	技能目标	素养目标
了解互联网提供的基本服务	阐述 WWW 服务、电子邮件服务、远程登录服务、文件传输服务的作用	养成独立思考、勤学好问的学习习惯
熟悉互联网接入技术	1. 能够根据实际应用场景选择合适的互联网接入技术 2. 熟练配置路由器和防火墙	培养敬业、严谨的工匠精神
理解域名服务的作用，熟悉浏览器、搜索引擎的使用	熟练使用和配置各种类型的浏览器、搜索引擎	具有一定的学习能力、分析和解决问题的能力
熟悉电子邮箱的申请流程	熟练掌握电子邮件的收发、邮件签名和自动回复邮件的设置	提高网络安全防范意识
熟悉云盘的申请流程	熟练使用云盘进行资源上传、下载和分享	

任务 1 设置网络接入互联网

建议学时：4 学时。

 【任务描述】

　　某企业已经完成内部局域网的组建，现在需要向电信运营商申请电信网络接入，以满足公司 50 名员工访问互联网的需求。如果你是该企业的网络管理员，试为该企业制定一个合理的宽带接入方案并实施该方案。

 【任务分析】

　　首先需要明确的是，企业宽带和家用宽带是不一样的，两者的价格也大不相同。企业宽带是指依托于国内骨干网搭建的宽带网络,以专线形式接入企业用户,使用固定的公网 IP 地址;而家庭宽带大多数是租赁 IP 地址和共享带宽的,即多个用户共用一个公网 IP 地址,IP 地址会经常变化。

在选择带宽时,需要考虑多个方面的因素,包括企业规模、业务需求、网络环境等。一般的小型企业可能只需要一个低带宽的网络连接,通常建议选择带宽在 100Mbit/s 以下的宽带,以满足基本的互联网访问和电子邮件传输需求;而大中型企业(特别是有传输大量数据、进行视频会议等高带宽需求的企业)则需要更高的带宽,它们通常使用百兆、千兆的宽带。如果某企业的业务覆盖在线客服、线上直播等,那么该企业对宽带的稳定性和实时性要求较高,需要百兆以上的宽带。

 【知识准备】

4.1.1 互联网概述

计算机网络根据地理范围可以划分为局域网、城域网和广域网。互联网属于广域网,是广域网的一个实例,是目前全球最大的、开放的、由众多网络和计算机互联而成的网络。无论用户在什么地方,只要遵守 TCP/IP,就可以接入互联网。

另外,生活中常常提到的公网、外部网络指的是广域网,私网、内部网络指的是局域网。

互联网以相互交流信息为目的,是一个信息资源的集合。互联网提供的主要应用服务可分为通信类、信息类和检索类。

(1)通信类:该类服务向用户提供多向性的信息交换,如电子邮件服务等。

(2)信息类:用户通过该类服务能够取得网络中的各项资源,如文件传输服务、远程登录服务等。

(3)检索类:用户通过该类服务能够便捷地寻找所需信息,如万维网(World Wide Web,WWW)服务。

表 4-1 列举了互联网提供的基本服务。

表 4-1　互联网提供的基本服务

服务名称	作用	使用的协议
WWW 服务	WWW 服务也称 Web 服务,通过浏览器可以浏览信息和检索信息	HTTP
电子邮件服务	也称 E-mail 服务,通过网络的电子邮件系统提供信息交换的通信方式	SMTP、POP3
远程登录服务	也称 Telnet 服务,允许用户在联网的计算机上登录到远程系统中,并像使用自己的计算机一样使用该远程系统	Telnet 协议
文件传输服务	也称 FTP 服务,允许用户将一台计算机上的文件(支持所有文件类型)传输到另一台计算机上	FTP

4.1.2 互联网接入技术

互联网接入就是计算机或网络通过某种方式与互联网连接在一起,使得它们之间能互相交换信息。提供互联网接入服务的是互联网服务提供商(Internet Service Provider,ISP),我国的三大 ISP

是中国电信、中国移动和中国联通。

主流的互联网接入技术有宽带接入技术、数字数据网（Digital Data Network，DDN）接入技术和无线接入技术。不同的接入技术有不同的优势和限制，因此在选择时需要考虑各种因素，包括地理位置、用户需求、ISP 的基础设施和可用技术等。

1. 宽带接入技术

宽带接入是一种高速、大容量的互联网接入技术，其提供了比传统的拨号接入更高的带宽。常见的宽带接入技术包括非对称数字用户线（Asymmetric Digital Subscriber Line，ADSL）接入技术、光纤接入技术、有线电视宽带（如电缆宽带）接入网技术等。其中，ADSL 接入和光纤接入是较典型的宽带接入方式。

（1）ADSL 接入技术

ADSL 接入技术是运行在原有普通电话线上的一种高速宽带技术，其利用现有的一对电话铜线为用户提供上行、下行非对称的传输速率（带宽）。ADSL 接入主要有虚拟拨号和专线接入两种方式。ADSL 支持的上行速率为 640kbit/s～1Mbit/s，下行速率为 1～8Mbit/s，其有效的传输距离为 3～5km。

一般把传输速率超过 1Mbit/s 的接入称为宽带接入。

（2）光纤接入技术

光纤到户（Fibre To The Home，FTTH）技术是一种主流的光纤接入技术，是指将光网络单元（Optical Network Unit，ONU）安装在家庭用户或企业用户处。根据不同的技术标准和设备配置，FTTH 的传输速率有所差异，目前商用的 FTTH 服务通常提供 10Gbit/s 的上行、下行对称速率。光纤是宽带网络的多种传输介质中最理想的一种，与 ADSL 和电缆等传统接入方式相比，具有传输速率更快、带宽更高、网络质量更稳定等优点。光纤上网的优点是带宽独享、性能稳定、升级改造费用低、不受电磁干扰、损耗小、安全、保密性强、传输距离长等。

光纤宽带根据用户类型可分为企业光纤宽带（也称专线宽带）和家庭光纤宽带两种，二者在接入方式、后台上网策略、流量、服务、价格等方面都有明显的区别。企业光纤宽带和家庭光纤宽带的实现原理不同，企业光纤宽带使用独享式网络，且企业光纤宽带的专线网络上行、下行是对等的；家庭光纤宽带使用共享式网络一般来说，企业光纤宽带主要是企业使用，小型企业如果内部网络没有对外提供服务的业务，对虚拟专用网络（Virtual Private Network，VPN）等业务都没有需求，则可以使用家庭光纤宽带。光纤接入技术和 ADSL 接入技术的区别如下：ADSL 是电信号传播，光纤宽带是光信号传播。目前，ADSL 接入技术已逐渐被光纤接入技术取代。

2. DDN 接入技术

DDN 是使用数字信道传输数字信号的数据传输网。DDN 专线的特点是用户独占、费用很高、有较高的传输速率、有固定的 IP 地址、线路运行可靠、永久连接。

3. 无线接入技术

无线接入技术允许用户通过无线信号连接到互联网。其中，Wi-Fi 技术可以使设备通过 WLAN 连接到路由器或基站，移动网络技术（如 4G、5G）允许移动设备在范围广泛的地区内连接到互联网。

4. PPPoE

PPPoE 是将点到点协议（Point-to-Point Protocol，PPP）封装在以太网框架中的一种网络隧道协议，用于实现以太网接入互联网的同时提供良好的访问控制和计费功能。现在无论是家庭还是企业，

ADSL 和光纤接入都是用 PPPoE 方式连接互联网的。局域网的计算机通过 NAT 技术将私有 IP 地址转换为公有 IP 地址，进而访问互联网。

4.1.3 网络互联设备

互联网是网络互联的一个典型例子，其中局域网连接互联网时通常使用路由器或防火墙，它们充当局域网内部和外部互联网之间的中转站。

1. 路由器

路由器用于在不同网络之间传输数据包，并管理网络中的数据流量。路由器的主要功能有 4 个，分别是路由功能、网络连接功能、IP 地址分发功能和网络管理功能。

（1）路由功能。路由功能是路由器的核心功能。当收到来自一个网络的数据包时，路由器会根据目的 IP 地址和路由表（Routing Table）中的信息选择最佳路径，将数据包转发到目标网络。当网络中有多台路由器时，需要使用静态路由协议和动态路由协议让它们共享信息。静态路由协议的路由是不变的，由管理员手动配置；动态路由协议的路由由路由器通过路由选择协议自动获取。主流的路由协议如表 4-2 所示。

表 4-2　主流的路由协议

路由协议类型		应用场景
静态路由协议		静态路由协议具有配置简单且占用 CPU 时间少的优点，一般只适用于小型、简单的网络拓扑
动态路由协议	路由信息协议（Routing Information Protocol，RIP）	RIP 使用跳数作为度量标准来计算路径成本。每经过一台路由器，跳数就增加 1。RIP 允许的最大跳数是 15，跳数超过 15 的网络视为不可达。RIP 配置简单，是小型网络的绝佳选择
	开放最短路径优先（Open Shortest Path First，OSPF）协议	OSPF 协议是流行的链路状态路由协议，主要应用于中大型网络
	边界网关协议（Border Gateway Protocol，BGP）	BGP 与 OSPF 协议、RIP 不同，其着眼点不在于发现和计算路由，而在于控制路由的传播和选择最佳路由。BGP 用于在 ISP 网络中处理各 ISP 之间的路由传递

（2）网络连接功能。路由器可以接收来自不同网络的数据包，并将其传输到目标网络。路由器可以运用在多种网络连接场景中，包括局域网内不同网段的连接、局域网与广域网的连接、广域网与广域网的连接等。在局域网出口，通过路由器的 NAT 功能可以将私有 IP 地址转换为公有 IP 地址，从而实现局域网内多台计算机利用 NAT 共享一条线路对互联网进行访问。

（3）IP 地址分发功能。路由器具有 DHCP 服务器功能，可以自动为连接到网络的设备分配 IP 地址。

（4）网络管理功能。路由器提供配置管理、性能管理、容错管理和流量控制等网络管理功能。

2. 防火墙

防火墙是保护局域网安全的重要设备，由系统管理员设置规则以对数据流进行过滤。许多中小型企业会直接用防火墙替代路由器，因为防火墙具备 NAT 功能和一些路由功能，可以实现局域网与互联网的连接。但需要注意的是，防火墙和路由器在功能上是有很大差别的，路由器重点关注的是能否对不同网段的数据包进行路由从而实现通信；防火墙重点关注的是数据包是否应该通过，通过后是否会对网络造成危害。防火墙中的访问控制列表（Access Control List，ACL）是用于规定网络中流量的访问控制策略的一种机制。IP 地址的过滤是 ACL 中常见的一种控制策略。通过配置 ACL 规则，可以限制特定的 IP 地址或者 IP 地址段的访问。例如，要拒绝一组特定的 IP 地址 172.16.0.100/32 和 172.16.0.200/32 访问内部网络，可以配置以下两条 ACL 规则。

（1）规则 1：拒绝 IP 地址为 172.16.0.100/32 的主机访问内部网络。

（2）规则 2：拒绝 IP 地址为 172.16.0.200/32 的主机访问内部网络。

通过以上两条 ACL 规则可以实现：除了 IP 地址为 172.16.0.100/32 和 172.16.0.200/32 的主机，其他设备数据均被放行。

防火墙根据安全等级来划分区域，需要把每个接口都添加到防火墙的域中。域通常分为非受信区（untrust）、本地区域（local）、非军事化区（DMZ）和受信区（trust）。这 4 个域是系统自带的，不能删除。此外，还可以自定义域。这 4 个区域的优先级为 local>trust>DMZ>untrust。例如，在华为 USG6000V 防火墙的 4 个域中，local 优先级为 100，trust 优先级为 85，DMZ 优先级为 50，untrust 优先级为 5。自定义的域的优先级可以调节。华为防火墙的默认安全策略是拒绝所有域间流量，仅允许域内流量通过。域与域之间如果不配置安全策略，则遵循默认策略。当数据在同一区域内时，可以像二层交换机一样直接转发。当域与域之间有 inbound 和 outbound 之分时，优先级高的域到优先级低的域的方向为 outbound，优先级低的域到优先级高的域的方向为 inbound。

【任务实施】配置局域网通过 PPPoE 方式接入互联网

本任务使用 eNSP 进行模拟实验，使用设备包括 2 台 AR2220（AR1 模拟局域网出口路由器，AR2 模拟运营商接入控制设备）、2 台 S3700、3 台计算机和 1 台服务器（模拟 Web Server）。局域网使用网段 192.168.1.0/24，AR1 和 AR2 使用网段 200.1.1.0/24 连接。AR2 作为 PPPoE 服务器同时开启 DHCP 服务，为 PPPoE 客户端分发公有 IP 地址；AR1 作为 PPPoE 客户端连接 AR2，AR1 的 GE 0/0/1 接口可获取到公有 IP 地址。局域网的计算机通过 NAT 技术将私有 IP 地址转换为公有 IP 地址（共享 AR1 GE 0/0/1 接口的公有 IP 地址），进而访问互联网。

配置局域网通过 PPPoE 方式接入互联网

局域网通过 PPPoE 方式接入互联网的拓扑图如图 4-2 所示。

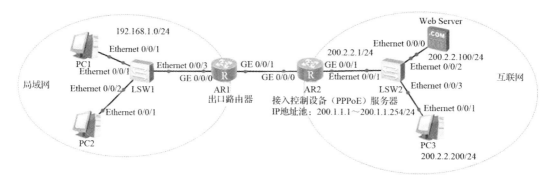

图 4-2　局域网通过 PPPoE 方式接入互联网的拓扑图

PPPoE 的配置思路如图 4-3 所示。

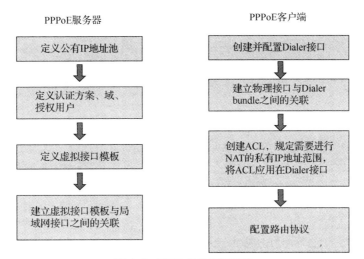

图 4-3　PPPoE 的配置思路

其具体实现步骤如下。

步骤 1：组网，配置 IP 地址。

启动 eNSP，根据图 4-2 连接设备并启动，为 4 台终端设备进行 IPv4 配置，如图 4-4 所示。

（a）PC1 的 IPv4 配置　　　　　　　　　　　（b）PC2 的 IPv4 配置

（c）PC3 的 IPv4 配置　　　　　　　　　　　（d）Web Server 的 IPv4 配置

图 4-4　4 台终端设备的 IPv4 配置

步骤 2：配置 AR2。

（1）配置接口 IP 地址。

```
[Huawei]interface G0/0/1  //配置接口 GE 0/0/1
[Huawei-GigabitEthernet0/0/1]ip address 200.2.2.1 24  //为接口配置 IP 地址
[Huawei-GigabitEthernet0/0/1]quit
```

（2）定义公有 IP 地址池。

```
[Huawei]ip pool R2  //创建公有 IP 地址池，名称为 R2
[Huawei-ip-pool-R2]network 200.1.1.0 mask 255.255.255.0  //定义 IP 地址池范围
[Huawei-ip-pool-R2]gateway-list 200.1.1.254 //定义 IP 地址池网段的网关地址
[Huawei-ip-pool-R2]quit
```

（3）定义认证方案、域、授权用户。

```
[Huawei]aaa  //进入 AAA 模式
[Huawei-aaa]authentication-scheme rz                //创建认证方案 rz
[Huawei-aaa-authen- rz]authentication-mode local    //配置认证模式为本地认证
[Huawei-aaa-authen- rz]quit                         //返回 AAA 模式
[Huawei-aaa]domain yu                               //创建域 yu
[Huawei-aaa-domain-yu]authentication-scheme rz      //配置域的认证方案为 rz
[Huawei-aaa-domain-yu]quit
//创建本地用户 aaa1，密码为 bbb1，密码采用 Cipher 加密方式
[Huawei-aaa]local-user aaa1 password cipher bbb1
[Huawei-aaa]local-user aaa1 service-type ppp        //本地用户 aaa1 的服务类型为 PPP
[Huawei-aaa]quit
```

（4）定义虚拟接口模板。

```
[Huawei]interface Virtual-Template 1  //创建虚拟接口模板，最多能够创建 25 个模板
//设置本端的 PPP 对对端设备的认证方式为 CHAP，认证采用的域名为 yu
[Huawei-Virtual-Template1]ppp authentication-mode chap domain yu
[Huawei-Virtual-Template1]ip address  200.1.1.254 24 //配置虚拟模板接口的 IP 地址
[Huawei-Virtual-Template1]remote address pool R2 //为 PPPoE 客户端指定 IP 地址池
[Huawei-Virtual-Template1]quit
```

（5）建立虚拟接口模板与局域网接口之间的关联。

```
[Huawei]interface G0/0/0 //配置接口 GE 0/0/0
//设置此设备为 PPPoE 服务器，并关联虚拟模板接口
[Huawei-GigabitEthernet0/0/0]pppoe-server bind virtual-template 1
[Huawei-GigabitEthernet0/0/0]quit
[Huawei]
```

步骤 3：配置 AR1。

（1）配置接口 IP 地址。

```
[Huawei]interface  G0/0/0  //配置接口 GE 0/0/0
//为接口配置 IP 地址，该 IP 地址是内部网络网关地址
[Huawei-GigabitEthernet0/0/0]ip address 192.168.1.254 24
[Huawei-GigabitEthernet0/0/0]quit
```

（2）创建并配置 Dialer 接口。

```
[Huawei]interface Dialer 1                //创建并进入 Dialer 接口
[Huawei-Dialer1]dialer user aaa2 //指定对端设备用户名，必须配置本地有效
```

```
[Huawei-Dialer1]dialer bundle 1    //定义 Dialer bundle 为 1，用于绑定到物理端口
[Huawei-Dialer1]ppp chap user aaa1             //设定用户 PPP 协商的用户名为 aaa1
[Huawei-Dialer1]ppp chap password cipher bbb1 //设定用户 PPP 协商的密码为 bbb1
[Huawei-Dialer1]ip address ppp-negotiate   //设定 PPP 协商完成后 IP 地址通过协商获得
[Huawei-Dialer1]quit
```

（3）建立物理接口与 Dialer bundle 之间的关联。

```
[Huawei]interface G0/0/1   //配置接口 GE 0/0/1
//该物理接口的 PPPoE 客户端进程与 Dialer bundle 1 绑定
[Huawei-GigabitEthernet0/0/1]pppoe-client dial-bundle-number 1
[Huawei-GigabitEthernet0/0/1]quit
```

（4）创建 ACL，规定需要进行 NAT 的私有 IP 地址范围，将 ACL 应用在 Dialer 接口。

```
[Huawei]acl 2000  //创建基本 ACL，编号是 2000
//允许属于 192.168.1.0/24 网段的源 IP 地址的数据通过
[Huawei-acl-basic-2000]rule 10 permit source 192.168.1.0 0.0.0.255
[Huawei-acl-basic-2000]quit
[Huawei]interface Dialer 1  //配置 Dialer 1
//ACL 2000 匹配的 IP 地址转换成该接口的 IP 地址，作为源地址
[Huawei-Dialer1]nat outbound 2000
[Huawei-Dialer1]quit
```

（5）配置路由协议。

```
//配置静态路由协议，访问公网的数据从 Dialer 1 接口发出
[Huawei]ip route-static 0.0.0.0 0 Dialer 1
```

步骤 4：测试。

使用 PC1 和 PC2 分别 ping Web Server、PC3，发现能 ping 通。在 AR1 上执行命令"display ip interface brief"查看接口的信息，如图 4-5 所示，可以看到 AR1 的 Dialer 1 接口从 PPPoE 服务器获取到 IP 地址 200.1.1.253/32。再在 AR1 上执行命令"display nat session all"查看 NAT 映射表项，可以看到 PC1 和 PC2 的地址转换信息。图 4-6 和图 4-7 显示了 PC1 和 PC2 访问 Web Server 过程中，PC1 的私有 IP 地址 192.168.1.1 和 PC2 的私有 IP 地址 192.168.1.2 都转换成公有 IP 地址 200.1.1.253，进而通过该公有 IP 地址与互联网设备通信。

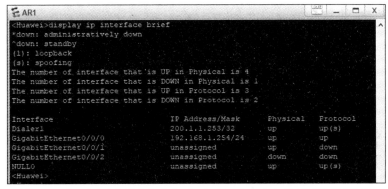

图 4-5 在 AR1 上执行命令"display ip interface brief"查看接口的信息

图 4-6　PC1 访问 Web Server 过程中 IP 地址的转换

图 4-7　PC2 访问 Web Server 过程中 IP 地址的转换

　　以上是模拟企业宽带通过 PPPoE 方式连接互联网的过程。在实际工程中，企业网络管理员只需要负责局域网部分的设备配置，出口路由器和 PPPoE 服务器的配置由 ISP 工程师完成。

【任务拓展】局域网使用防火墙接入互联网

　　部分企业使用防火墙作为局域网出口设备。防火墙既能实现内外部网络互联，又可以作为内部网络的第一道防线，过滤不安全数据，控制外部网络访问。试根据图 4-8 进行组网，使局域网内部计算机能够访问互联网，并为 Web Server 添加端口映射功能，使外部网络可以访问局域网中的 WWW 服务。

局域网使用防火墙
接入互联网

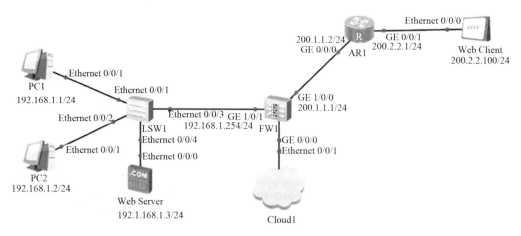

图 4-8　局域网使用防火墙接入互联网的拓扑图

　　步骤 1：搭建网络拓扑，配置 IP 地址。

　　启动 eNSP，根据拓扑图连接设备并启动，为 4 台终端设备进行 IPv4 配置，如图 4-9 所示。配置路由器 AR1 的接口 IP 地址，如图 4-8 所示。Web Server 开启 Web 服务的步骤如图 4-10 所示，需要在本机的 D:\web 目录下创建网页文件 default.htm。

（a）PC1 的 IPv4 配置　　　　　　　　　　　（b）PC2 的 IPv4 配置

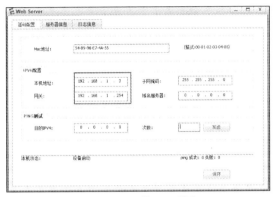

（c）Web Server 的 IPv4 配置　　　　　　　　（d）Web Client 的 IPv4 配置

图 4-9　4 台终端的 IPv4 配置

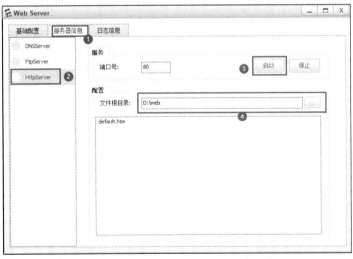

图 4-10　Web Server 开启 Web 服务的步骤

步骤 2：配置云，物理计算机连接防火墙。

（1）查看虚拟网卡的 IP 地址信息。使用 VMware Network Adapter VMnet1 作为连接的虚拟网卡，网段使用 192.168.161.0/24（可使用任意私有地址网段）。可依次打开"控制面板"→"网络和 Internet"→"网络和共享中心"窗口，单击"更改适配器设置"超链接，选择"VMware Network

Adapter VMnet1"选项，查看和修改虚拟网卡的 IP 地址信息。

（2）配置云。双击云，打开云的配置界面，添加一个 UDP 和一个要绑定的网卡信息（建议使用虚拟网卡，安装 VMware Workstation 时可创建虚拟网卡 VMware Network Adapter VMnet1 和 VMware Network Adapter VMnet8）。按照图 4-11 所示的顺序添加 UDP 和网卡：选择 UDP，单击"增加"按钮；选择"VMware Network Adapter VMnet1 -- IP:192.168.161.1"选项后再次单击"增加"按钮；设置出端口编号为"2"，选中"双向通道"复选框后单击"增加"按钮。

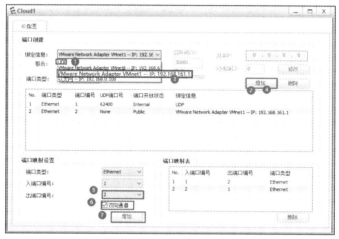

图 4-11　配置云的具体步骤

（3）登录并配置防火墙。双击防火墙 USG6000V，首次配置需要导入设备包，设备包导入界面如图 4-12 所示。单击"浏览"按钮，选择设备包后单击"导入"按钮，即可完成设备包导入。设备包可在华为官方网站下载。再次双击 USG6000V，进入命令配置界面，输入用户名（Username）和密码（Password），防火墙初始用户名为 admin，初始密码为 Admin@123。登录后会询问是否更改密码，输入"y"则表示更改密码。该过程需要先输入旧密码，接着连续输入两次新密码（对密码复杂度有要求），密码修改提示界面如图 4-13 所示。密码修改成功后，可以正式进入防火墙。修改 Web 管理接口 GE 0/0/0 的 IP 地址为 192.168.161.2/24（需是 192.168.161.0/24 网段的 IP 地址），设置放行策略，如图 4-14 所示。

图 4-12　设备包导入界面

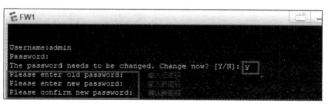

图 4-13　密码修改提示界面

```
[USG6000V1]interface G0/0/0
[USG6000V1-GigabitEthernet0/0/0]ip address 192.168.161.2 24
[USG6000V1-GigabitEthernet0/0/0]service-manage all permit
```
图 4-14 为接口 GE 0/0/0 配置 IP 地址和放行策略

（4）物理计算机连接防火墙。打开浏览器，在其地址栏中输入"https://192.168.161.2:8443"，防火墙 Web 登录界面如图 4-15 所示。输入用户名、密码后进入防火墙，防火墙配置主页如图 4-16 所示。

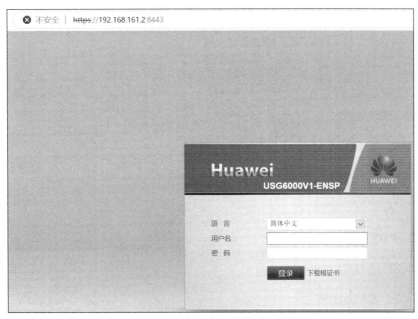

图 4-15 防火墙 Web 登录界面

图 4-16 防火墙配置主页

步骤 3：配置防火墙接口。

配置防火墙接口 GE 1/0/0，依次选择"网络"→"接口"→"GE 1/0/0"选项，进入防火墙接口 GE 1/0/0 的配置界面。接口 GE 1/0/0 连接的是互联网，所以安全区域设置为"untrust"，静态 IP 地址为 200.1.1.1/255.255.255.0，如图 4-17 所示；接口 GE 1/0/1 的配置方法和 GE 1/0/0 一样，但是接口 GE 1/0/1 连接的是局域网，所以安全区域设置为"trust"。查看防火墙接口的设置情况，如图 4-18 所示。

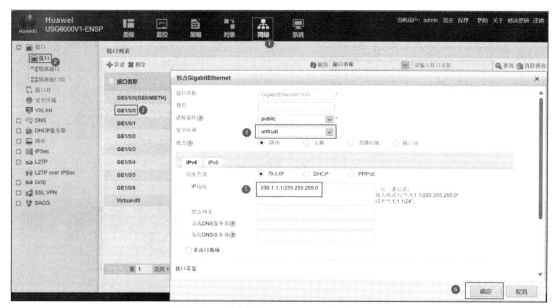

图 4-17　防火墙接口 GE 1/0/0 的配置界面

接口名称	安全区域	IP地址	连接类型	VLAN/VX...	模式
GE0/0/0(GE0/METH)	trust(default)	192.168.161.2 ---	静态IP (IPv4 静态IP (IPv6		路由
GE1/0/0	untrust(public)	200.1.1.1 ---	静态IP (IPv4 静态IP (IPv6		路由
GE1/0/1	trust(public)	192.168.1.254 ---	静态IP (IPv4 静态IP (IPv6		路由

图 4-18　查看防火墙接口的设置情况

为了方便测试，开启接口 GE 1/0/0 的所有管理服务，具体命令如下。

```
[USG6000V1]interface G1/0/0 //配置接口 GE1/0/0
[USG6000V1-GigabitEthernet1/0/0]service-manage all permit //开启所有管理服务
```

步骤 4：创建 NAT 策略。

（1）创建 NAT 策略，将私有 IP 地址 192.168.1.0/24 转换为公有 IP 地址 200.1.1.1。依次单击"策略"→"NAT 策略"→"NAT 策略"→"新建"按钮，创建 NAT 策略，如图 4-19 所示。弹出"修改 NAT 策略"对话框，在"名称"和"描述"文本框中输入该 NAT 策略的相关信息，"NAT 类型"设为"NAT"，"转换模式"设为"仅转换源地址"，"源安全区域"设为"trust"，"目的安全区域"设为"untrust"。设置"源地址"前需要添加 192.168.1.0/24 IP 地址组，方法是单击"新建"→"新建地址组"（"新建地址"用于创建单个地址）按钮，在弹出的"修改地址组"对话框中输入"名称"和"IP 地址/范围或 MAC 地址"，设置步骤和内容如图 4-20 所示。"目的地址"和"服务"设为"any"，源地址转换为"出接口地址"，单击"确定"按钮。

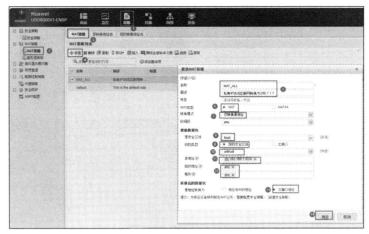

图 4-19　创建 NAT 策略

（a）步骤 1　　　　　　　　　　　　　　　　　（b）步骤 2

图 4-20　添加 192.168.1.0/24 IP 地址组

（2）创建端口映射 NAT 策略。依次单击"策略"→"NAT 策略"→"服务器映射"→"新建"按钮，创建 NAT 映射策略。弹出"修改服务器映射"对话框，在"名称"文本框中输入映射的相关信息，"安全区域"设为"untrust"，在"公网地址"文本框中输入"200.1.1.1"，在"私网地址"文本框中输入"192.168.1.3"，取消选中"配置黑洞路由"复选框，单击"确定"按钮，如图 4-21 所示。

图 4-21　服务器映射设置

（3）查看 NAT 策略列表，可看到所有的列表信息，如图 4-22 所示。

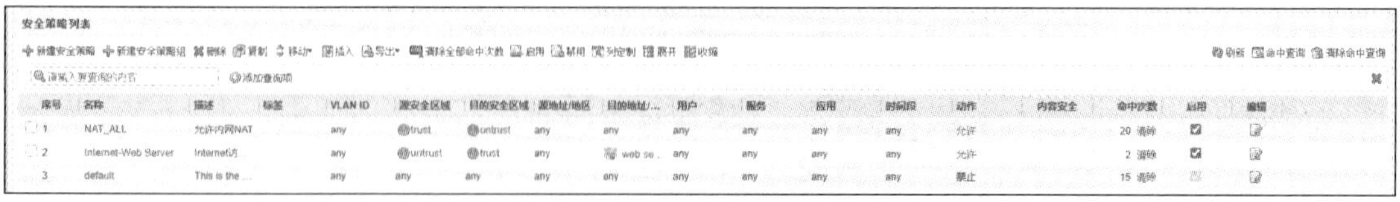

图 4-22　查看 NAT 策略列表

步骤 5：创建安全策略。

（1）创建一条放行策略，允许数据从内部网络传输到外部网络。依次单击"策略"→"安全策略"→"新建安全策略"按钮，弹出"修改安全策略"对话框，在"名称"和"描述"文本框中输入该 NAT 策略的相关信息，"源安全区域"设为"trust"，"目的安全区域"设为"untrust"，"动作"设为"允许"，其他设置为默认的"any"即可，单击"确定"按钮，如图 4-23 所示。

图 4-23　内部网络到外部网络的安全策略配置

（2）创建一条放行策略，允许外部网络访问内部网络 Web Server 的数据。依次单击"策略"→"安全策略"→"新建安全策略"按钮，如图 4-24 所示，弹出"修改安全策略"对话框，在"名称"和"描述"文本框中输入该 NAT 策略的相关信息，"源安全区域"设为"untrust"，"目的安全区域"设为"trust"，"源地址/地区"设为"any"。设置"目的地址/地区"前需添加"web server"地址，添加方法与步骤 4 添加地址组的方法相似，也可在"对象"→"地址"中添加地址，如图 4-25 所示。"动作"设为"允许"，其他设置为默认的"any"，单击"确定"按钮。

步骤 6：配置路由协议。在命令行模式下，为防火墙添加一条默认路由"ip route-static 0.0.0.0 0 200.1.1.2"，使局域网能够访问网段 200.2.2.0/24。

步骤 7：测试。

在 PC1 上 ping 200.1.1.1 和 200.2.2.100，发现都能够 ping 通，且在安全策略列表中可以看到数据已匹配安全策略。查看安全策略列表，如图 4-26 所示，从中可发现 PC1 的 ping 操作匹配了"NAT_ALL"安全策略。

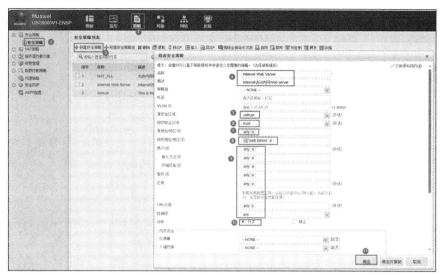

图 4-24　外部网络到内部网络 Web Server 的安全策略配置

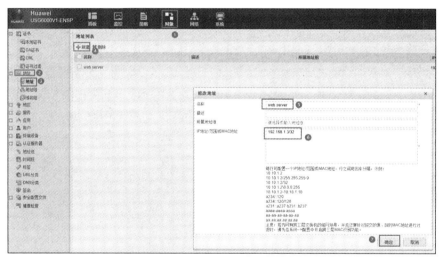

图 4-25　在"对象"→"地址"中添加地址

图 4-26　查看安全策略列表

【习题】

一、应知

1. 选择题

（1）应用 RIP 的路由器的最大跳跃计数是（　　　）。

　　A. 6　　　　　　　　B. 16　　　　　　　　C. 12　　　　　　　　D. 15

（2）属于静态路由协议的是（　　）。

    A．默认路由   B．RIP   C．OSPF   D．BGP

（3）防火墙的功能是（　　）。

    A．过滤 MAC 地址层   B．过滤网络地址层

    C．保护硬件资源   D．减少内部网络的活动

（4）防火墙对数据包的过滤依据不包括（　　）。

    A．源 IP 地址   B．MAC 地址   C．源端口号   D．目的 IP 地址

（5）防火墙不具备的功能是（　　）。

    A．记录访问   B．查毒   C．包过滤   D．代理

2．判断题

（1）防火墙通常分为内部网络、外部网络和 DMZ 3 个区域，按照受保护程度，从低到高正确的排列次序为外部网络、DMZ 和内部网络。（　　）

（2）对防火墙而言，除非特殊配置安全策略，否则全部 ICMP 消息包将被禁止通过防火墙，即不能使用 ping 命令来检验网络连接是否建立。（　　）

（3）防火墙对要保护的服务器进行端口映射的好处是能隐藏服务器的网络结构，使服务器更加安全。（　　）

（4）企业网络常常使用 DHCP 为用户分配 IP 地址，与静态地址分配方式相比，DHCP 地址分配方式极大地减少了对网络地址进行管理的工作量。（　　）

（5）企业为了提高互联网出口的可靠性，常常采用多条链路连接不同运营商的方式。采用这种方式时，需要同时关注出方向和入方向的流量路径，否则网络质量会受影响。（　　）

二、应会

（1）什么是三层交换？简述三层交换和路由的区别。

（2）说出几种动态路由协议，并谈谈动态路由协议和静态路由协议的区别。

（3）简单介绍 ACL 和 NAT，NAT 有几种工作方式？

任务2　设置互联网应用

建议学时：2 学时。

【任务描述】

2023 年《政府工作报告》提出，加快传统产业和中小企业数字化转型，着力提升高端化、智能化、绿色化水平。企业通过培训等方式提升员工的信息技术水平、工作效率，加快企业数字化转型步伐。互联网的基本使用、电子邮件的收发和管理、浏览器的基本使用等是信息技术培训的重要内容之一。作为企业信息技术部门的技术人员，试制定一个针对互联网应用的培训方案，并对新员工开展技能培训。

【任务分析】

工作中，常用的互联网应用有信息检索、网络通信、网络存储、电子商务、社交媒体等，技术人员根据本任务的描述制定的培训内容主要如下。

（1）使用 360 安全浏览器快速浏览信息。

（2）使用百度搜索引擎快速搜索资源。

（3）使用和管理 QQ 邮箱中的电子邮件。

（4）使用和管理百度网盘。

 【知识准备】

4.2.1　域名服务

IP 地址和域名都是用于标识互联网上的计算机或服务器的标识符，即访问一台计算机时，既可以用 IP 地址，又可用域名。域名是由一串用点分隔的英文字母等组合成的名称，便于人们记忆，如"www.ryjiaoyu.com"。IP 地址和域名是一对多的关系。一个 IP 地址可以对应多个域名，但是一个域名只能对应一个 IP 地址。域名和 IP 地址之间的转换通过域名服务（Domain Name Service，DNS）实现，其能使用户通过域名轻松访问互联网上的资源和服务。

域名空间是一个倒立的树状结构，域名由"根（.）+顶级域名+二级域名+三级域名或主机名+……"构成。域名主要包括顶级域名（Top-Level Domain，TLD）、二级域名（Second-Level Domain，SLD）和子域名（Subdomain）这 3 个部分。

① 顶级域名：位于域名的最后，表示域名的分类或国家/地区码，如.com、.org、.cn 等。

② 二级域名：位于顶级域名之前，具有独特意义，可以用来标识企业、组织和个人。二级域名分为两种，一种是在国际顶级域名下的二级域名，如"baidu.com"；另一种是国家/地区顶级域名下的二级域名，如".com.cn"中的".com"是置于国家/地区顶级域名".cn"下的二级域名，表示商业机构。

③ 子域名：位于二级域名之前，可以用来对域名进行更详细的划分，依次类推。

例如，在"www.ryjiaoyu.com"中，".com"是顶级域名，".ryjiaoyu"是二级域名，"www"是主机名；在"www.ptpress.com.cn"中，".com"是顶级域名，".cn"是二级域名，".ptpress"是三级域名，"www"是主机名。

域名空间结构如图 4-27 所示。

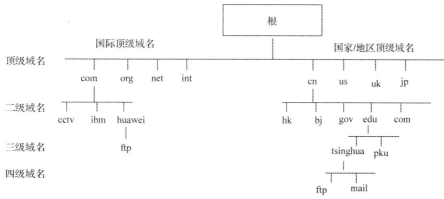

图 4-27　域名空间结构

在图 4-27 所示的域名中，com 表示商业机构，org 表示非营利性组织，net 表示网络服务机构，

gov 表示政府机构，edu 表示教育机构，cn 表示中国，us 表示美国，uk 表示英国，bj 表示中国北京
地区。

在浏览器的地址栏中输入域名，即可访问对应的计算机或服务器。

4.2.2　WWW 服务

WWW 服务是互联网上非常热门的服务之一，Web 已经成为很多人在网上查找、浏览信息的主
要手段。WWW 服务是一种交互式图形界面的互联网服务，主要提供网上信息浏览服务。WWW 服
务靠统一资源定位符（Uniform Resource Locator，URL）进行定位，通过 HTTP 传送给使用者，再
由超文本标记语言（HyperText Markup Language，HTML）进行文档的展现。WWW 服务（使用
HTTP）的默认端口是 80，加密的 WWW 服务（使用 HTTPS）的默认端口是 443。

URL 是一个全世界通用的、负责给 WWW 资源定位的系统。URL 由 4 部分组成：<协议>://<
主机>:<端口>/<路径>。

（1）<协议>：表示使用什么协议获取文档，之后的 ":://" 不能省略。其常用协议有 HTTP、
HTTPS、FTP。

（2）<主机>：表示资源主机的域名。

（3）<端口>：表示主机服务端口，有时可以省略。

（4）<路径>：表示最终资源在主机中的具体位置，有时可以省略。

例如，https://www.ryjiaoyu.com/book 表示通过 HTTPS 访问域名是 www.ryjiaoyu.com 的 book 目录。

4.2.3　搜索引擎

互联网可以被视为一个巨大的图书馆，而搜索引擎就是帮助使用者找到所需图书的图书管理员。
搜索引擎是一种网页网址检索系统，也可以理解为互联网上专门提供查询服务的一类网站。国内常
见的搜索引擎有百度、搜狗、360 等，国外常见的搜索引擎有谷歌、必应等。

搜索引擎常用搜索方式如表 4-3 所示。

表 4-3　搜索引擎常用搜索方式

搜索方式	语法	举例
在指定网站搜索	site:网址 关键词	site:www.ryjiaoyu.com 计算机网络
搜索网址中包含特定词的网页	inurl:网址 关键词	inurl:gov 政府上半年工作总结
指定格式搜索	filetype:文件类型（PDF、DOC、PPT、JPG 等）关键词	filetype:ppt 商业计划书
搜索标题中存在关键词的网页	intitle:关键词	intitle:计算机网络
利用逻辑查询功能搜索	并含：关键词 A AND 关键词 B 或含：关键词 A OR 关键词 B	华为 AND 百度 华为 OR 百度

4.2.4　电子邮件

电子邮件是一种通过互联网发送和接收的电子信函，可以发送和接收文本文件、音频、图像、
动画及视频等文件。电子邮件在生活和工作中的应用非常广泛，在企业中，电子邮件对内是员工之
间沟通和交流的主要工具，对外是企业与外部合作伙伴进行联络的主要工具。电子邮箱简称邮箱，

用于发送和接收电子邮件。

电子邮件分为网页版和客户端版。网页版电子邮件可以通过浏览器在相应的界面中进行操作，这种方式的好处是无须下载或安装额外的软件，能连接互联网即可使用。客户端版电子邮件可以是桌面应用程序，如 Foxmail、Microsoft Outlook 等；也可以是移动应用程序，如 iOS 上的 Apple Mail、Android 上的 Gmail 等。通过客户端，用户可以设置和管理多个邮件账户，接收和发送电子邮件，并在本地存储邮件数据，这种方式的好处是可以时刻预留足够的邮箱空间，查阅历史邮件十分快捷、高效。

电子邮件大体分为 3 部分：邮件头、邮件体和附件。其中，邮件头相当于传统邮件的信封，其基本项包括收件人地址、发件人地址和邮件主题；邮件体相当于传统邮件的信纸，用户可在其中输入邮件的正文；附件是发送电子邮件时附加到邮件中的文件，文本文件、音频、图像、动画和视频等都可以作为附件。

国内常用的电子邮箱有腾讯 QQ 邮箱、网易 163 邮箱、网易 126 邮箱、新浪邮箱等，国外常用的电子邮箱有谷歌 Gmail 邮箱、微软 Outlook.com 邮箱、苹果 iCloud 邮箱等。这些电子邮件服务都可以免费使用，区别是它们提供的免费使用的存储空间不同。

电子邮箱名称通常由 3 部分组成：用户名、"@"分隔符和邮箱的服务域名。例如，在 QQ 邮箱 123456@qq.com 中，123456 是用户名，qq.com 是 QQ 的服务域名。

4.2.5　云盘

云盘也称网盘，是一种基于云计算的技术，通过将文件存储在云端，实现文件的备份和共享。用户可以通过互联网在不同设备上访问和管理这些文件。云盘的用途十分广泛，不仅可以用于个人备份和存储，还可以应用于工作协作、文件共享、数据同步等。

常用云盘有百度网盘、腾讯微云、天翼云盘、谷歌云端硬盘、360 安全云盘、阿里云盘、坚果云等。以上云盘都提供了一定的免费存储空间，也都有各自的优点和局限性，用户在选择云盘时需要根据个人需求做出判断，可以从文件上传和下载速度、文件同步和更新功能、在线编辑和共享文件功能等方面进行综合考量。

云盘分为网页版和客户端版，两者只是登录方式不同，在个人计算机上建议安装客户端版云盘，在公共计算机上或临时使用时建议使用网页版云盘。

【任务实施】使用和配置浏览器、搜索引擎、电子邮件、云盘等应用软件

本任务使用和配置浏览器、搜索引擎、电子邮件、云盘等应用软件。配置 360 安全浏览器时，可使用云收藏功能、修改浏览器默认主页和新标签页、修改网页截图快捷键、安装在线翻译插件和使用人工智能（Artificial Intelligence，AI）工具。使用百度搜索引擎时，可通过在指定网站搜索、搜索 URL 中包含指定关键字的网页、指定格式搜索、搜索标题中存在关键词的网页、利用逻辑查询功能搜索等方式进行信息检索。使用电子邮件时，可设置电子邮件签名，设置自动回复邮件，并编写带附件的电子邮件。使用云盘时，利用百度网盘分享和下载文件。

步骤 1：使用 360 安全浏览器。

（1）安装 360 安全浏览器。以安装 360 安全浏览器 15（版本为 15.2.3072.0）为例，登录 360 安全浏览器官方网站下载软件，其安装步骤简单，根据提示安装即可。需要注意的是，安装过程中要看清楚对话框中的内容，根据个人需求进行配置。图 4-28 所示为 360 安全浏览器安装路径和其他选项设置对话框。

107

图 4-28　360 安全浏览器安装路径和其他选项设置对话框

（2）使用云收藏功能。360 安全浏览器安装完成后会弹出登录、注册对话框，如图 4-29 所示。登录后，360 安全浏览器会自动备份收藏夹，不论是更换计算机还是重装系统，只要登录账号，就可以使用网络收藏夹。如果不需要将收藏等内容同步到手机端，则可以不登录，浏览器功能不受影响。退出登录的方法是单击浏览器左上角的头像图标，选择"个人中心"→"退出"选项。当系统中安装了多种浏览器时，设置默认浏览器可让网页的访问更加方便、快捷：每单击一个超链接或网址时，系统会自动打开默认浏览器，而无须手动选择。以 Windows 10 操作系统为例，右击"开始"菜单，在弹出的对话框中选择"设置"选项。在左侧菜单栏中选择"应用"选项，在右侧选择"默认应用"选项，在弹出的软件列表中找到 360 安全浏览器的图标，单击该图标，单击"设置默认值"按钮即可将其设为默认浏览器，如图 4-30 所示。

图 4-29　360 安全浏览器登录、注册对话框

图 4-30　设置默认浏览器

（3）修改浏览器默认主页和新标签页。默认主页是用户打开浏览器时默认打开的网页，浏览器通常有一个默认的主页，用户也可以根据个人喜好设置自己喜欢的网页（如搜索引擎主页、新闻网站首页、公司门户网站首页等）为默认主页。例如，将 https://www.baidu.com 设置为默认主页，具体方法如下：启动 360 安全浏览器，打开右上角的菜单，选择"设置"选项，在"基本设置"选项卡中单击"修改主页"按钮，在弹出的"主页设置"对话框中输入地址"https://www.baidu.com/"，单击"确定"按钮，重启浏览器使设置生效，如图 4-31 和图 4-32 所示。

修改默认主页和
新标签页

图 4-31　修改浏览器默认主页

图 4-32　默认主页效果

新标签页是用户在当前标签页下打开一个新的空标签页时所看到的页面。新标签页通常包含一些常用的功能和快捷方式，如搜索栏、常访问网站的缩略图、书签列表、最近访问的网页等。将"https://www.ryjiaoyu.com"添加到新标签页中的方法如下：在浏览器地址栏中输入"https://www.ryjiaoyu.com"并打开对应网页，单击 + 按钮打开新标签页，单击新标签页中的"添加"按钮，弹出"添加网站"侧边栏，切换到"当前打开"选项卡，选择"首页-人邮教育社区"（域名为 www.ryjiaoyu.com），将其加入"最常访问"列表，如图 4-33 和图 4-34 所示。

图 4-33　将网址添加到新标签页中

图 4-34　将网址添加到新标签页后的效果

（4）修改网页截图快捷键。网页截图按钮 ✄ 在浏览器主界面右上方，单击它可选择区域进行截图。修改网页截图快捷键的方法如下：右击该按钮，在弹出的快捷菜单中选择"设置"命令，弹出"设置"对话框，将光标定位到"请输入截图快捷键"文本框中，按键盘上的按键即可。例如，若要设置快捷键为 Alt+W，则同时按 Alt 和 W 键即可。通过编辑"图片保存设置"，可修改截图存放位置等。修改网页截图快捷键和图片保存设置，如图 4-35 所示。

图 4-35　修改网页截图快捷键和图片保存设置

（5）安装在线翻译插件。360 安全浏览器的翻译插件提供了网页翻译和文字翻译两种功能。如果需要翻译整个网页，则右击■按钮，在弹出的快捷菜单中选择"翻译当前网页"命令，即可自动翻译当前网页；如果需翻译网页中的某些文字，则按住鼠标左键并拖曳文字，单击"翻译"按钮，即可自动翻译这些文字。文字翻译设置如图 4-36 所示。

图 4-36　文字翻译设置

360 安全浏览器默认的翻译插件是 Google 翻译，将其更换为百度翻译的方法如下：单击搜索栏右侧工具栏中的扩展程序按钮 ✦，在打开的扩展程序下拉列表中选择"添加"选项，在 360 应用市场中搜索"百度翻译"，单击"立即安装"按钮，如图 4-37 所示。安装的百度翻译插件在搜索栏右侧工具栏中显示，单击即可根据个人需求进行翻译，如图 4-38 所示。

（a）扩展程序下拉列表　　　　　　　　　　（b）在 360 应用市场中搜索"百度翻译"

图 4-37　安装翻译插件

图 4-38　百度翻译插件的使用

（6）使用 AI 工具。AI 技术问世至今，在社会的各个领域中起到了不可估量的作用。通常情况下，AI 指的是通过普通计算机程序来呈现人类智慧的技术。360 安全浏览器集成了"360 AI"和"360 智脑"两个 AI 模块，其中，"360 AI"提供 PDF、AI 图片、AI 写作助手、AI 文档助手、AI 视频等功能，使用这些功能需要付费；"360 智脑"提供"聊天"和"写作"两个功能，这两个功能提供每天多次免费使用的机会，可以帮助用户寻找解决问题和写作的思路。在使用"写作"功能时，用户可以选择不同的模板，以适应不同类型的文本，如用于撰写报告的模板、用于撰写邮件的模板等。用户可以根据需要设置文本的长度，以更好地满足自己的需求；还可以根据需要选择不同的语气，如专业严肃、轻松有趣、热情积极等，使生成的文本更符合场景。有了 AI 写作的帮助，用户可以更好地发挥自己的创意和想象力，提高写作效率和质量。需要注意的是，AI 写作无法完全替代人类写作。图 4-39 所示为使用"360 智脑"的"写作"功能编写电影影评的操作步骤。

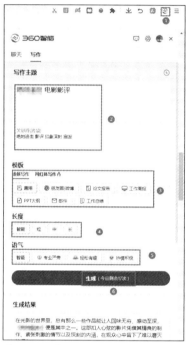

图 4-39　使用"360 智脑"的"写作"功能编写电影影评的操作步骤

步骤 2：使用百度搜索引擎。

在百度搜索引擎中使用以下搜索方式。

（1）在指定网站中搜索。在搜索引擎中，要在特定网站或域中搜索，可以使用 site 语法。例如，在人邮教育社区网站搜索计算机网络相关信息，可以在百度搜索引擎搜索栏中输入"site:www.ryjiaoyu.com 计算机网络"，单击"百度一下"按钮，搜索到的内容都与人邮教育社区和计算机网络相关，具体操作如图 4-40 所示。

（2）搜索 URL 中包含指定关键字的网页。在搜索引擎中，inurl 是一个高级搜索指令，其作用是限定在 URL 中进行搜索，以更精确地找到所需信息。例如，在百度搜索引擎搜索栏中输入"inurl:login.*"，即搜索 URL 中包含 "login."的网页，在渗透测试中用来搜索有注入点的网站，如图 4-41 所示。

图 4-40　在指定网站中搜索

图 4-41　搜索 URL 中包含指定关键字的网页

（3）指定格式搜索。在搜索引擎中，可以使用 filetype 语法实现对检索结果文件类型的限制。例如，搜索文件类型是 PPT 的商业计划书，可以在百度搜索引擎搜索栏中输入"filetype:ppt 商业计划书"，如图 4-42 所示。

（4）搜索标题中存在关键词的网页。intitle 又被称为去广告搜索法，可将查询范围限定在网页标题中。例如，搜索包含"计算机网络"的网页标题时，可以在百度搜索引擎搜索栏中输入"intitle:计算机网络"，如图 4-43 所示。

图 4-42　指定格式搜索　　　　　图 4-43　搜索标题中存在关键词的网页

（5）利用逻辑查询功能搜索。如果需要搜索包含多个关键词的信息，则可以使用逻辑查询功能，常用"并含"（AND）、"或含"（OR）的关系，在实际运用中，这两种语法的搜索结果差不多。

步骤 3：使用电子邮件。

电子邮件是一种重要的职场沟通方式，除了日常工作交流外，其还是获取外界信息和展示职场形象的途径。根据用途和发送对象，电子邮件可以分为个人邮件和商业邮件。

（1）申请电子邮箱。电子邮件通过邮箱传递，个人邮箱需要申请，其申请流程简单，一般到邮箱对应的网址填写注册信息，完成注册并激活即可。

为了保障邮箱的安全性和隐私性，可以进行实名认证。腾讯 QQ 会在用户申请 QQ 账号时附赠一个 QQ 邮箱，但是该邮箱需要激活才可以使用。下面以 QQ 邮箱为例介绍电子邮箱的一些操作。

（2）设置电子邮件签名。为邮件设置一个得体的签名不仅节省时间，还可以提升专业度，给收件人留下好的印象。设置电子邮件签名的方法如下（图 4-44）：登录网页版 QQ 邮箱，单击邮箱首页上方的"设置"按钮，在设置页面中找到"个性签名"，单击"添加个性签名"按钮，在弹出的"新建个性签名"对话框中输入此签名的名称和内容（签名内容要包括姓名、公司名称、部门、职务、邮箱、电话、公司位置、邮编等），单击"确定"按钮完成编辑。返回设置页面，在"使用个性签名"下拉列表中选择刚才设置完成的签名名称，单击"保存更改"按钮。以后每次新建邮件时，签名都会被自动添加到邮件中。

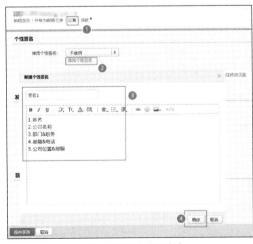 

（a）输入签名的名称和内容　　　　　　（b）选择签名名称

图 4-44　设置电子邮件签名的方法

（3）设置自动回复邮件。自动回复是一种便捷的邮件处理方式，当用户收到新邮件时，系统会自动回复一封预设的邮件，告知发件人邮件已成功发送。设置自动回复邮件的方法如下：单击邮箱首页上方的"设置"按钮，在设置页面中找到"假期自动回复"，选中"启用"单选按钮，在文本框中输入自动回复内容，选中"在首页提示我已设置自动回复"复选框，单击"保存更改"按钮，如图 4-45 所示。

图 4-45　设置自动回复邮件

（4）编写带附件的电子邮件。单击"写信"按钮创建新邮件，输入收件人的邮箱地址、邮件主题，单击"添加附件"超链接，在弹出的"打开"对话框中选择附件内容，单击"打开"按钮，完成附件添加，输入邮件正文，单击"发送"按钮即可，如图 4-46 所示。

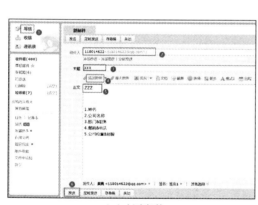

（a）创建邮件　　　　　　　　　　　　　　　（b）添加附件

图 4-46　编写带附件的电子邮件

步骤 4：使用云盘。

百度网盘有网页版和客户端版，建议在个人计算机上安装客户端版，接下来介绍百度网盘客户端版的使用。

（1）申请百度网盘。打开百度网盘官方网站，下载并安装百度网盘。

百度网盘支持的操作系统有 Android、Windows、macOS、Linux 等，用户可以根据自己的终端选择对应版本。百度网盘客户端版的安装简单，根据提示操作即可。单击登录界面中的"注册账号"

按钮，输入手机号码、用户名、密码，完成验证码的验证，并选中同意相关协议和隐私权保护声明，单击"注册"按钮，完成账号创建。此外，用户可以选择使用微信、微博、QQ 等快捷登录方式登录百度网盘。为了保证网盘数据的安全性和隐秘性，建议进行手机号码绑定认证。

（2）分享文件。启动百度网盘并登录账号，右击需要分享的文件，在弹出的快捷菜单中选择"分享"命令，弹出"分享文件"对话框，切换到"链接分享"选项卡，通过"有提取码"的分享形式分享文件，可选中"系统随机生成提取码"或"自定义提取码"（自定义提取码为 4 个数字或字母）单选按钮，选择分享的人数和有效期，单击"创建链接"按钮［图 4-47（a）］。此时，分享链接已生成，可通过"复制链接及提取码"或"复制二维码"的方式分享链接［图 4-47（b）］，用户通过访问链接和输入提取码下载文件。

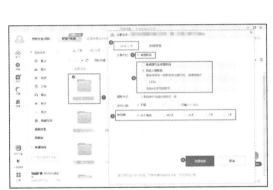

（a）设置链接分享　　　　　　　　　　　　　　（b）生成链接分享

图 4-47　百度网盘分享文件

（3）下载文件。单击百度网盘的分享链接，输入提取码，单击"提取文件"按钮，进入百度网盘网页，选中需要下载的文件，可马上下载或保存到网盘后登录百度网盘客户端下载（这样就不用担心分享链接失效了），如图 4-48 所示。

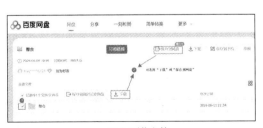

（a）提取文件　　　　　　　　　　　　　　（b）下载文件

图 4-48　下载文件

【任务拓展】使用在线视频会议软件

互联网时代，视频会议被广泛地应用于各行各业。在线视频会议软件有很多，且都有其独特的功能和适用场景。试使用腾讯会议软件创建一个可容纳 20 人，时长为 1 小时的会议。

步骤 1：下载并安装腾讯会议软件。登录腾讯会议官方网站，下载适合自己计算机的客户端版本，按照提示进行安装。打开腾讯会议，单击"手机号"按钮，再单击"新用户注册"按钮，根据提示输入手机号并获取验证码，设置名称和密码，完成注册。其他登录方式包括邮箱登录、微信登录（需绑定手机号）和企业微信登录等。

步骤 2：预定会议。启动并登录腾讯会议，单击"预定会议"按钮，在弹出的"预定会议"对话框中设置会议主题、开始时间、时长等，单击"预定"按钮，生成会议链接［图 4-49（a）］。可以通过"复制全部信息"与"复制会议号和链接"两种方式分享会议链接［图 4-49（b）］。

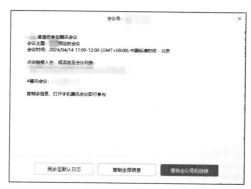

（a）设置预定会议 　　　　　　　　　　　　（b）分享会议链接

图 4-49　预定会议

步骤 3：参加会议。启动并登录腾讯会议，参加腾讯会议的方式取决于收到的邀请形式和使用的设备。

可以通过会议号入会，具体操作方法如下：单击"加入会议"按钮，输入会议号，设置是否开启摄像头和麦克风，单击"加入会议"按钮。若设置了入会密码，则需输入正确的密码后才能加入会议。

也可以通过分享链接入会，具体操作方法如下：单击分享链接，验证身份后单击"加入会议"按钮。

如果会议类型为预定会议，则可以选择将会议添加到会议列表中，以防忘记会议号。

【习题】

一、应知

1. 选择题

（1）某公司内部使用"wb.xyz.com.cn"作为访问某服务器的地址，其中"wb"是（　　　）。

A．主机名　　　　　B．协议名　　　　　C．目录名　　　　　D．文件名

（2）（　　）是互联网的基础协议。

     A．HTTP　　　　　　B．SMTP　　　　　　C．TCP/IP　　　　　　D．FTP

（3）在"互联网+"背景下，（　　）成为互联网与传统产业结合的重要趋势，也是"互联网+"发挥重要作用的立足点。

     A．跨界制造　　　　B．跨界融合　　　　C．跨界生产　　　　D．跨界营销

（4）HTML是一种标记语言，用一系列的标记符号描述对象在屏幕上的展示属性。用于标记网页名称的符号是（　　）。

     A．<html>…</ html>　　　　　　　　　B．<head>…</head>

     C．<title>…</title>　　　　　　　　　D．<center >…</center>

（5）关于WWW服务，下列说法错误的是（　　）。

     A．用于提供高速文件传输服务

     B．使用超链接技术

     C．采用客户端/服务器模式

     D．可显示多媒体信息

2．判断题

（1）人们通常所说的Internet就是WWW。　　　　　　　　　　　　　　　（　　）

（2）局域网因为使用了Internet技术而被称为Intranet。　　　　　　　　（　　）

（3）互联网上的主机必须具有唯一的IP地址。　　　　　　　　　　　　　（　　）

（4）邮件系统、视频点播系统属于应用软件，与存储毫无关系。　　　　　（　　）

（5）http://×××.edu.cn是教育机构的网址。　　　　　　　　　　　　　（　　）

二、应会

（1）简述NAT的工作过程及作用。如果局域网中的FTP服务器需要提供互联网访问服务，则路由器或防火墙应该如何设置？

（2）防火墙既是一台安全设备，又是一台边界设备，其部署方式包括透明模式、路由模式和旁路模式，试通过网络查询相关信息并阐述这3种部署方式的区别。

【项目小结】

    本项目介绍了互联网技术及其应用，以及局域网如何通过路由器或防火墙接入互联网。通过学习本项目，读者可以掌握WWW服务和电子邮件、云盘等应用软件的使用，以更深入地了解互联网的重要性和发展趋势。本项目的重点是各种互联网应用软件的使用，难点是局域网连接互联网的技术实现。

项目五
配置网络操作系统Debian

"信创"的全称是"信息技术应用创新"，旨在实现信息技术自主可控，规避核心技术受制于人，为我国经济发展、社会运转提供安全可控的信息技术支撑。信创产业包括 CPU、服务器、存储设备、操作系统、数据库等基础产业，以及应用软件、云服务、系统集成、信息安全等新兴产业。部分国产操作系统是基于 Debian 操作系统开发的，在政府、教育、金融等行业得到了一定程度的应用，为国家信息安全提供了更多保障。

本项目学习安装和部署 Debian 操作系统，熟悉 Debian 操作系统的基本操作命令，掌握 DNS 服务、Apache 服务的配置和管理。

【项目描述】

某企业是一家生产网络设备的企业，该企业需要把门户网站从 Windows 操作系统迁移到 Linux 操作系统中。门户网站是树立公司形象和营销推广产品的一个重要手段，同时可以将企业内部各个应用系统（包括办公自动化系统、财务系统、人力资源管理系统、企业资源计划系统等）集成在统一界面中，实现企业无纸化、网络化办公。

【知识梳理】

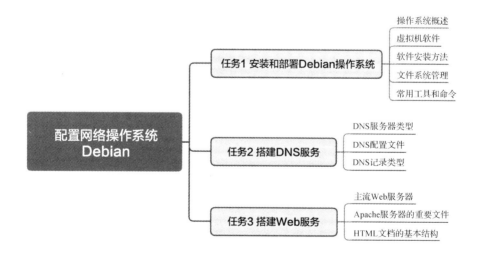

【项目目标】

知识目标	技能目标	素养目标
1. 了解操作系统的分类 2. 了解 Debian 操作系统的特点	1. 阐述 Debian 操作系统的特点 2. 查看 Debian 操作系统的版本	具备社会责任感和国际视野
1. 了解虚拟化技术的概念 2. 了解虚拟机软件 VMware Workstation 和 VirtualBox 的区别及联系	1. 能够独立安装 VMware Workstation 2. 能够在 VMware Workstation 安装 Debian 操作系统	培养独立思考、勤学好问的习惯
1. 了解桥接模式、NAT 模式和仅主机模式这 3 种模式连接网络的区别 2. 熟悉 vim 和 nano 文本编辑器的使用方法 3. 了解软件源的作用和安装方法	1. 虚拟机使用 NAT 网络连接方式连接互联网 2. 配置 Debian 操作系统的 IP 地址 3. 安装第三方软件源	培养创新思维和创新能力，能够在未来的发展中具有竞争力
1. 了解 DNS 服务器的配置文件 2. 熟悉 DNS 服务器的配置步骤	1. 熟练安装和配置 DNS 服务 2. 能够独立解决配置 DNS 服务过程中遇到的问题	具备实践能力，能够将所学知识应用到实际工作中
1. 了解 Web 服务的特点 2. 了解 Web 服务器的配置文件 3. 了解 HTML 文档的基本结构 4. 熟悉 Web 服务器的配置步骤	1. 能够创建简单的 HTML 文档 2. 熟练安装和配置 Apache 服务器 3. 能够独立解决配置 Apache 服务器过程中遇到的问题	培养严谨、认真的工作态度

任务 1 安装和部署 Debian 操作系统

建议学时：4 学时。

 【任务描述】

新来的员工小王希望在个人办公计算机上安装 Debian 操作系统，他的计算机原本的操作系统是 Windows 10，要求新安装的 Debian 操作系统不能影响日常办公。试通过创建虚拟机的方式帮助小王完成 Debian 操作系统的安装。

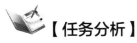 【任务分析】

可以在 Windows 操作系统中使用虚拟机软件 VMware Workstation 创建虚拟机。在 VMware Workstation 中创建名为 Debian 的虚拟机，使用 CD/DVD 版本的 ISO 镜像文件安装操作系统，将虚拟机的内存设置为 2GB，硬盘设置为小型计算机系统接口（Small Computer System Interface，SCSI）类型，磁盘分区默认。

【知识准备】

5.1.1　操作系统概述

1. 操作系统概况

操作系统（Operating System，OS）是一种系统软件，提供用户与系统交互的操作界面。常见的计算机操作系统有 Windows、macOS 和开源的 Linux（如 Debian、Ubuntu、Fedora、CentOS、Kali Linux、openSUSE 等）。计算机操作系统又分为桌面操作系统和服务器操作系统，微软公司的桌面操作系统的命名规则是"Windows + 数字 + 附加名称"，如 Windows 10 Pro 和 Windows 10 Education。服务器操作系统的命名规则是"Windows Server + 数字 + 附加名称"，如 Windows Server 2019 Standard 和 Windows Server 2019 Essentials。其中，数字代表操作系统的版本，附加名称通常表示操作系统的重大特性或改进。国产桌面操作系统有统信桌面操作系统、深度操作系统（Deepin）、鸿蒙操作系统（Harmony OS）、银河麒麟桌面操作系统等。服务器操作系统分为免费和收费两种，可根据个人需求进行选择。

2. Debian 操作系统

Debian 也被称为 Debian GNU/Linux，是一个由免费和开源软件组成的 Linux 操作系统发行版，开发团队由世界各地的志愿者组成。Debian 操作系统是极为稳定、通用和流行的非商业 Linux 操作系统发行版之一。Debian 是一个通用操作系统，支持绝大多数的 CPU 架构。

Debian 操作系统一直维护着至少 3 个发行版本：稳定版（stable）、测试版（testing）和不稳定版（unstable）。截至 2024 年 4 月，Debian 操作系统的稳定版版本号是 12，开发代号为 bookworm。可通过命令"lsb_release -a"获取当前 Debian 操作系统的版本号、代号等详细信息。

5.1.2　虚拟机软件

1. 虚拟化技术

虚拟化技术是一种通过软件手段将计算机的各类物理资源（如内存、CPU 等）抽象并转化为多种虚拟资源的技术。该技术能够提高计算机的资源利用率，使系统运行更加高效。虚拟化是资源的逻辑表示，不受物理限制的约束。按实现方式分类，虚拟化技术可以分为全虚拟化、半虚拟化和硬件辅助虚拟化；按应用领域分类，虚拟化技术可以分为硬件虚拟化、软件虚拟化、内存虚拟化、存储虚拟化、数据虚拟化、网络虚拟化和桌面虚拟化。

2. VMware Workstation 和 VirtualBox 的区别及联系

虚拟机是一种计算机软件，使用虚拟化技术实现在物理计算机平台上模拟出多个完整的计算机操作系统，虚拟的计算机操作系统可以是桌面操作系统或服务器操作系统。VMware Workstation 和 VirtualBox 是主流的虚拟机软件。

VMware Workstation 由 VMware 公司开发，是商业软件，需要付费使用，通常有一个月的试用期。VMware Workstation 提供了强大的虚拟化功能，支持多种操作系统和硬件配置，能够满足复杂的应用场景需求。

VirtualBox 由 Oracle 公司开发，是开源的，可以免费使用。VirtualBox 的安装包比 VMware Workstation 小很多，其主要功能与 VMware Workstation 相比并不逊色，完全能满足初学者的需求。华为网络信息工具平台 eNSP（Enterprise Network Simulation Platform）使用的虚拟机便是 VirtualBox。

3. 虚拟机的 3 种网络连接方式

在虚拟化环境中，需将虚拟机连接到网络，使其能够与其他计算机或网络设备进行通信。虚拟机连接网络的方式主要有 3 种：桥接模式（Bridge Mode）、NAT 模式和仅主机模式（Host-Only Mode）。

（1）桥接模式。桥接模式将虚拟机直接接入宿主机所在的物理网络中，通过虚拟交换机实现数据包转发。这种方式让虚拟机获得了独立于宿主机的 IP 地址，可以直接访问外部网络。其优点在于配置简单且具有较高的灵活性，但这同时带来了一定的安全风险，如虚拟机可能会受到来自互联网的攻击。

（2）NAT 模式。在 NAT 模式下，多台虚拟机会共享一个公有 IP 地址对外进行通信。NAT 相当于在一个私有的内部网络和公有的外部网络之间建立了一个隧道。NAT 模式降低了资源消耗并且提高了安全性，由于虚拟机不会暴露在公有网络上，因此其遭受直接攻击的可能性较小。然而，NAT 会提高网络管理和故障排查的复杂性，因为其隐藏了内部网络的真实结构。

（3）仅主机模式。在仅主机模式下，虚拟机仅能与宿主机或其他在同一主机上的虚拟机通信。这是一个完全隔离的网络空间，没有通往外界的数据流。该模式适用于在测试及开发环境中创建不依赖外部网络的沙箱系统。尽管仅主机模式提供了极高的安全保证，但也限制了虚拟机的通用性和多功能性。

可见，每种网络连接方式都有各自的特点和适用场景，用户需根据自身的需求合理地做出选择。

5.1.3 软件安装方法

Linux 操作系统安装好后，需要安装软件。安装软件的方法通常有以下 3 种。

（1）使用包管理器安装。大多数 Linux 操作系统提供了自己的包管理器，可以通过命令行或图形界面安装软件。常见的包管理器有 apt（Debian/Ubuntu）、yum（CentOS/Fedora）和 dnf（Fedora/RHEL）等。使用包管理器可以方便地安装、更新和卸载软件，如可以执行命令 "sudo apt install openssh-server" 安装安全外壳（Secure Shell，SSH）服务器。

（2）使用源代码编译安装。有些软件可能没有预编译的软件包，只提供了源代码，可以下载源代码并编译安装这类软件。一般需要先安装编译工具链（如 gcc、make 等），然后解压源代码包，进入源代码目录，执行命令 "./configure" 生成 Makefile，再执行命令 "make" 和 "sudo make install" 编译及安装软件。

（3）使用包管理器添加第三方软件源。有些软件可能不包含在默认的软件源中，可以通过添加第三方软件源的方式安装这类软件。

不同的 Linux 操作系统版本可能有不同的安装方法和工具，具体的安装方法可以根据所使用的 Linux 操作系统版本查找。Debian 操作系统常用的安装方法有两种，一种是安装本地 apt 源，另一种是安装镜像源（如国内的阿里源、清华源等）。

5.1.4 文件系统管理

1. 目录树

与其他 Linux 操作系统一样，Debian 操作系统的目录结构也似一棵倒挂的树，开始目录是根目录，用 "/" 表示，如图 5-1 所示。

图 5-1　文件目录树结构

文件系统"/"目录下的目录说明如表 5-1 所示。

表 5-1　文件系统"/"目录下的目录说明

目录	说明
etc	系统配置文件目录
boot	存放引导程序文件
bin	存放系统命令
home	普通用户的家目录
var	存放经常变化的文件，包括日志文件、缓存文件、数据库文件等
root	root 用户的家目录
usr	存放系统组件和应用程序
dev	设备文件目录
media	作为可移动介质（如 CD-ROM、USB 闪存驱动器）的挂载点
mnt	用于临时挂载其他文件系统或网络共享
proc	系统信息的虚拟目录
sbin	存放基本的系统命令执行文件
sys	系统信息的虚拟目录
lib	存放基本共享库及内核模块
tmp	存放临时文件
lost+found	该目录通常在系统异常关机后出现，用于存放一些被误删除或者意外损坏的文件片段
run	运行变量数据
lib64	存放 64 位操作系统所需的共享库文件
opt	用于安装大型第三方软件包的可选目录

2. 文件类型及权限

使用 ls　-al 命令可以查看目录下所有文件的详细信息，如查看"/mnt/abc"目录下所有文件的详细信息，结果如图 5-2 所示。

从图 5-2 中可以看到，使用 ls　-al 命令查看某一个目录会得到一个包含 7 个字段的列表，分别是文件属性字段、链接数、文件所有者、所属组、文件大小、最近修改时间和文件名。文件属性字段共有 10 个字符，第一个字符表示文件类型："d"表示目录；"-"表示普通文件；"l"表示符号链接文件，实际上其指向另一个文件；"b"表示块设备；"c"表示字符设备；"s"和"p"表示的文件类型与系统的数据结构和管道有关，通常很少见到。其后的 9 个字符表示该文件或目录的权限位，每 3 个字符为一组，其中前 3 个字符表示文件拥有者的权限，中间 3 个字符表示文件所属组拥有的权限，最后 3 个字符表示其他用户拥有的权限。字符"r"表示读（read），字符"w"表示写（write），字符"x"表示执行（execute）。

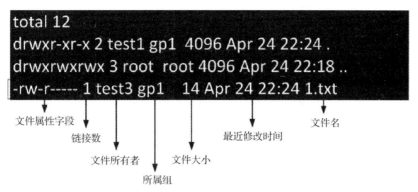

图 5-2　使用 ls -al 命令查看目录下所有文件的详细信息

5.1.5　常用工具和命令

1. 常用工具

（1）vim 文本编辑器

vim 文本编辑器是 vi 文本编辑器的改进版，可以用来修改文本内容。vim 文本编辑器有命令模式、插入模式和尾行模式这 3 种主要的操作模式，其切换方式如图 5-3 所示。

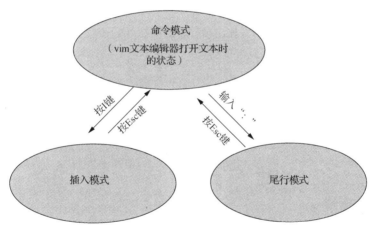

图 5-3　vim 文本编辑器 3 种操作模式的切换方式

在尾行模式下，输入":wq"表示保存修改并退出文档编辑，输入":q!"表示不保存修改并退出文档编辑。

（2）nano 文本编辑器

nano 文本编辑器是 Debian 操作系统自带的编辑器，其用法如下。

① 打开文件：执行命令"sudo　nano　文件名"。

② 输入管理员密码，并按 Enter 键。

③ 在 nano 文本编辑器中，使用方向键移动光标到想要编辑的位置。

④ 对文件进行修改。

⑤ 按 Ctrl+O 组合键保存文件。

⑥ 按 Enter 键确认文件保存路径和名称。

⑦ 按 Ctrl+X 组合键退出 nano 文本编辑器。

（3）PuTTY 和 SecureCRT

PuTTY 和 SecureCRT 是远程管理工具，在 Windows 环境下使用，支持通过 Telnet、SSH 协议、Rlogin 等方式连接软件。在日常的工作和学习中，安全文件传送协议（Secure File Transfer Protocol，SFTP）经常使用这两种工具连接 Linux 服务器。

（4）WinSCP

WinSCP 是一个 Windows 环境下使用的 SSH 开源图形化安全文件传送协议（操作 SFTP）客户端，同时支持安全复制协议（Secure Copy Protocol，SCP）。WinSCP 的主要功能是在 Windows 操作系统本地与远程计算机（如 Linux 操作系统）间安全地复制文件。

（5）命令补全键

Tab 键是 Debian 操作系统的命令补全键，可用于补全命令、文件名和文件路径。如果输入的命令或文件名的前一个或几个字母是唯一的，则按一次 Tab 键即可补全后面的内容；当输入的内容不唯一时，按两次 Tab 键可显示所有与已输入内容相关的命令或文件。Tab 键的用法如图 5-4 所示。

```
root@debian:~# vi  /et        //按一次"Tab"键，补全"etc"
root@debian:~# vi /etc/in      //按两次"Tab"键，显示所有以"in"开头的命令或文件
init.d/          initramfs-tools/ inputrc          inssrv.conf.d/
```

图 5-4　Tab 键的用法

2. 常用命令

Debian 操作系统常用的命令如表 5-2 所示。

表 5-2　Debian 操作系统常用的命令

命令	功能	示例及解释
su	切换用户	su - root #切换到 root 用户
sudo	允许普通用户以超级用户（root）身份执行特定命令	sudo adduser aa #普通用户 aa 临时使用 root 身份创建用户
adduser 用户名	创建新用户	adduser aa #创建名为 aa 的用户
deluser 用户名	删除用户	sudo deluser aa #删除名为 aa 的用户
passwd 用户名	设置用户密码	sudo passwd aa #设置用户 aa 的密码
su - 用户名	切换用户	su - aa #切换到 aa 用户（如果当前用户是 root，则切换到 aa 用户）
ls	列出文件和目录	ls -al #如果当前目录是/usr，则显示/usr 目录下所有文件的详细信息
cd 目录	切换目录	cd /opt #从当前目录切换到/opt

续表

命令	功能	示例及解释
pwd	查看当前目录的完整路径	pwd #如果当前目录是 opt，则显示 opt 的完整路径/opt
mkdir 目录	创建目录	mkdir bb #创建名为 bb 的目录
touch 文件	创建文件	touch 1.txt #在当前目录下创建名为 1.txt 的文件
cp 原路径或新路径目录或文件	将目录或文件由原路径复制至新路径	cp　/usr/1.txt　/opt #将/usr 下的 1.txt 复制至/opt 下
mv 原路径目录或文件新路径目录或文件	将目录或文件由原路径移动至新路径	mv　/usr/1.txt　/opt #将/usr 下的 1.txt 移动至/opt 下
mv 原目录名或文件名　新目录名或文件名	重命名目录或文件	mv 1.txt 2.txt #将 1.txt 重命名为 2.txt
cat　文件	显示文件内容	cat　/opt/1.txt #显示 1.txt 的内容
less　文件	分页显示文件内容	less　/opt/1.txt #分页显示 1.txt 的内容
head –n 行数　文件	显示文件的前几行内容	head –n 10　/opt/1.txt #显示 1.txt 的前 10 行内容
tail –n 行数　文件	显示文件的最后几行内容	tail –n 10　/opt/1.txt #显示 1.txt 的最后 10 行内容
grep "关键词" 文件	搜索指定文件中包含"关键词"的行	grep "Server" /opt/1.txt #搜索 1.txt 中包含关键词 Server 的行
find 路径 –name "文件"	搜索指定路径下的指定文件	find　/opt –name "1.txt" #在/opt 下搜索文件 1.txt
chmod 文件权限值 文件	修改文件权限为文件权限值对应的权限	chmod 777 /opt/1.txt #修改 1.txt 的文件权限为可读、可写、可执行
chown 用户名 文件	将文件的所有者更改为用户名对应的用户	chown aa /opt/1.txt #如果 1.txt 的所有者是 root，则将 1.txt 的所有者由 root 改为 aa
ifconfig	查看所有网卡信息	ifconfig #使用 ifconfig 命令查看所有网卡信息，前提是系统安装了 net-tools 包
apt-get update	更新软件包列表，这是在安装新软件或更新现有软件之前的重要步骤	apt-get update
apt-get upgrade	更新所有已安装的软件包为最新版本	apt-get upgrade
apt-get install 软件包	安装一个新的软件包	apt-get install net-tools #安装 net-tools 软件包，net-tools 软件包包含一些常用的网络管理工具
reboot	重启系统	reboot
shutdown –h now	关闭系统	shutdown –h now

125

续表

命令	功能	示例及解释
nslookup 域名	查询域名对应的 IP 地址	nslookup www.baidu.com #查询域名 www.baidu.com 对应的 IP 地址

【任务实施】安装和配置 Debian 操作系统

本书使用虚拟机软件 VMware Workstation 17 Pro 完成 Debian 操作系统的安装和配置。

步骤 1：下载 Debian 操作系统 ISO 镜像文件。ISO 镜像文件以.iso 为扩展名，是复制光盘上全部信息而形成的镜像文件。

步骤 2：创建虚拟机。联网搜索并下载 VMware Workstation 17 Pro 安装程序，根据指引进行安装，注意需要激活账号后才能正常使用。

（1）创建空白虚拟机。双击 VMware Workstation17 Pro 快捷方式 ▣ 运行该软件。查看当前虚拟机软件版本的方法如下：选择"帮助"→"关于 VMware Workstation"选项。编者使用的版本是 17.0.0 build-20800274，读者也可以登录 VMware Workstation 官方网站下载最新版本进行安装。虽然各个版本的安装界面不一样，但其安装步骤相似。单击"创建新的虚拟机"按钮，打开新建虚拟机向导，单击"下一步"按钮，安装来源选择"稍后安装操作系统"，单击"下一步"按钮[图 5-5（a）]；客户机操作系统选择"Linux"，版本选择"Debian 11.x64 位"（VMware Workstation 17 Pro 没有 Debian 12 选项），单击"下一步"按钮[图 5-5（b）]；自定义虚拟机名称，单击"浏览"按钮设置安装位置，单击"下一步"按钮[图 5-5（c）]；单击"自定义硬件"按钮，在弹出的"硬件"对话框中修改内存、处理器等设置（如默认内存为 1024MB，可修改为 2048MB），单击"关闭"按钮[图 5-5(d)]；在主界面中单击"Debian"名称下的"编辑虚拟机设置"按钮，弹出"虚拟机设置"对话框，选择"CD/DVD（IDE）"选项，选中"使用 ISO 镜像文件"单选按钮，单击"浏览"按钮；选择 Debian 操作系统 ISO 镜像文件，单击"打开"按钮，单击"确定"按钮[图 5-5（e）]，完成虚拟机的创建[图 5-5（f）]。需要注意的是，此时的虚拟机是一台没有安装操作系统的空计算机。

（a）选择安装来源

（b）选择操作系统版本

图 5-5　创建空白虚拟机

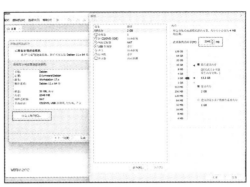

（c）设置虚拟机名称和安装位置 　　　　（d）自定义硬件

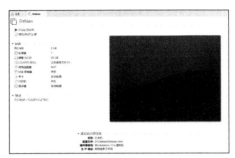

（e）选择 ISO 镜像文件 　　　　（f）完成虚拟机的创建

图 5-5　创建空白虚拟机（续）

（2）为虚拟机安装 Debian 操作系统。选择刚才创建的空白虚拟机，单击 ▶ 按钮启动虚拟机，进入 Debian 操作系统的安装界面（见图 5-6），系统默认选择"Graphical install"选项，按 Enter 键即可。在"Select a language"界面中选择安装过程使用的语言，这里选择"中文（简体）"→"中国"→"汉语"选项；配置主机名为"debian"，域名不设置；设置管理员用户 root 的密码，以及普通用户的用户名和密码；对磁盘进行分区。

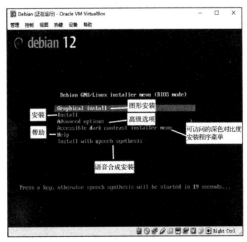

图 5-6　Debian 操作系统的安装界面

① 分区方法选择"使用整个磁盘"。

② 选择要分区的磁盘，如图 5-7 所示。

图 5-7　选择要分区的磁盘

③ 分区方案选择"将所有文件放在同一个分区中（推荐新手使用）"。

④ 在已配置的分区和挂载点的概览界面中选择"完成分区操作并将修改写入磁盘"。

⑤ 询问"将改动写入磁盘吗？"时单击"是"按钮。

配置软件包管理器，此时要进行以下操作。

① 询问"扫描额外的安装介质？"时单击"否"按钮。

② 询问"使用网络镜像站点吗？"时单击"否"按钮。

③ 询问"您要参加软件包流行度调查吗？"时单击"否"按钮。

在"软件选择"界面中，除默认选中的复选框外，再选中"SSH server"复选框（见图 5-8）。询问"将 GRUB 启动引导器安装至您的主驱动器？"时单击"是"按钮，"安装启动引导器的设备"选择"/dev/sda"，提示安装结束时单击"继续"按钮，重新启动系统。重启后显示图形登录界面（见图 5-9），Debian 操作系统默认以普通用户登录，至此 Debian 操作系统安装完成。如果出现黑屏，或者登录图形界面后欲切换到命令行界面，则可以按 Ctrl+Alt+（F2～F6）组合键，分别进入 TTY2～TTY6 命令行界面，如图 5-10 所示；按 Ctrl+Alt+F1 组合键，可以从命令行界面返回图形界面。

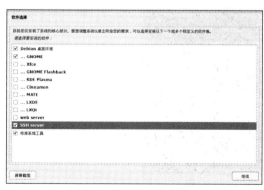

图 5-8　"软件选择"界面

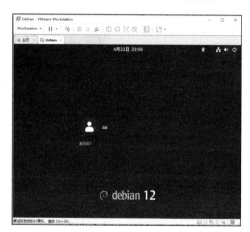

图 5-9　图形登录界面

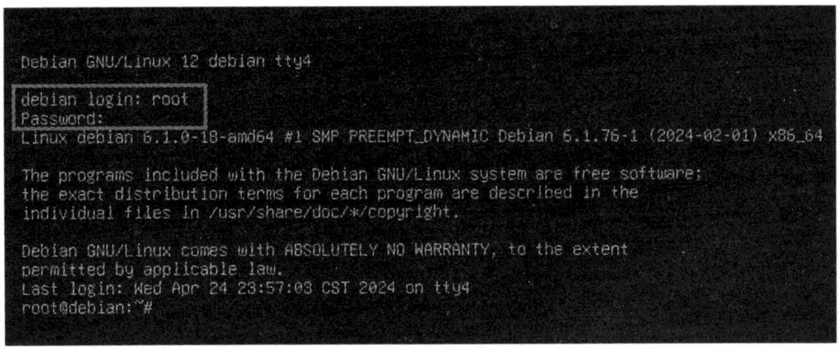

```
Debian GNU/Linux 12 debian tty4

debian login: root
Password:
Linux debian 6.1.0-18-amd64 #1 SMP PREEMPT_DYNAMIC Debian 6.1.76-1 (2024-02-01) x86_64

The programs included with the Debian GNU/Linux system are free software;
the exact distribution terms for each program are described in the
individual files in /usr/share/doc/*/copyright.

Debian GNU/Linux comes with ABSOLUTELY NO WARRANTY, to the extent
permitted by applicable law.
Last login: Wed Apr 24 23:57:03 CST 2024 on tty4
root@debian:~#
```

图 5-10　命令行界面

步骤 3：修改 IP 地址，连接互联网。图 5-10 所示为使用 root 用户身份登录系统，“root@debian:~#”表示当前系统用户是 root，主机名是 debian，“~”表示目录为用户家目录（/root），“#”是 root 命令提示符（普通用户的命令提示符是“$”），“#”（“$”）后面的内容就是命令。可以通过修改网卡配置文件/etc/network/interfaces 和 DNS 客户机配置文件/etc/resolv.conf 实现互联网的连接，具体操作如下。

配置 Debian 系统-修改 IP 地址

（1）配置虚拟网络编辑器。在 VMware Workstation 主界面中选择“编辑”→“虚拟网络编辑器”选项，在弹出的“虚拟网络编辑器”对话框中选择网卡“VMnet8”，修改其子网 IP 地址和子网掩码，如将子网 IP 地址设置为“192.168.100.0”，子网掩码设置为“255.255.255.0”，如图 5-11 所示，即凡是使用 NAT 模式的虚拟机使用的网段都是 192.168.100.0/24，单击“确定”按钮。执行命令“ip addr”，可看到网卡 ens33 自动获取到 IP 地址 192.168.100.129/24，如图 5-12 所示。

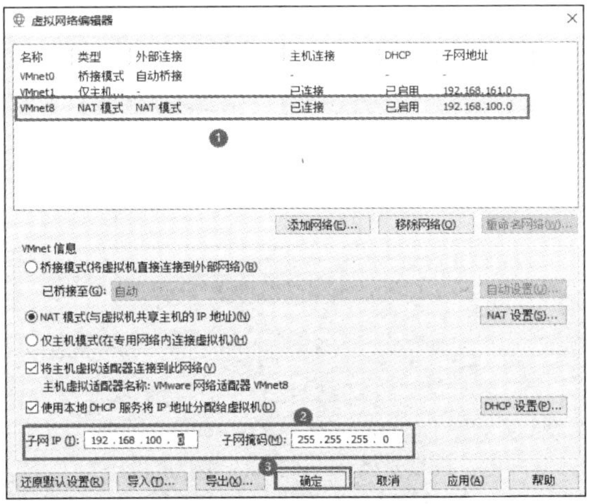

图 5-11　编辑虚拟网络编辑器

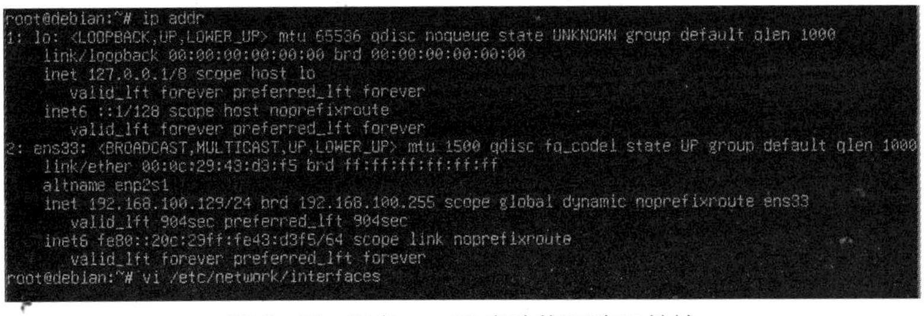

```
root@debian:~# ip addr
1: lo: <LOOPBACK,UP,LOWER_UP> mtu 65536 qdisc noqueue state UNKNOWN group default qlen 1000
    link/loopback 00:00:00:00:00:00 brd 00:00:00:00:00:00
    inet 127.0.0.1/8 scope host lo
       valid_lft forever preferred_lft forever
    inet6 ::1/128 scope host noprefixroute
       valid_lft forever preferred_lft forever
2: ens33: <BROADCAST,MULTICAST,UP,LOWER_UP> mtu 1500 qdisc fq_codel state UP group default qlen 1000
    link/ether 00:0c:29:43:d3:f5 brd ff:ff:ff:ff:ff:ff
    altname enp2s1
    inet 192.168.100.129/24 brd 192.168.100.255 scope global dynamic noprefixroute ens33
       valid_lft 904sec preferred_lft 904sec
    inet6 fe80::20c:29ff:fe43:d3f5/64 scope link noprefixroute
       valid_lft forever preferred_lft forever
root@debian:~# vi /etc/network/interfaces
```

图 5-12　网卡 ens33 自动获取到 IP 地址

（2）打开并编辑网卡配置文件/etc/network/interfaces。

```
root@debian:/#nano   /etc/network/interfaces
```

使用方向键将光标移动至文件后面，添加以下 IP 信息。

```
auto ens33                          //网卡名称
iface ens33 inet static             //网卡获取 IP 地址方式为静态
address  192.168.100.10             //IP 地址
netmask  255.255.255.0              //子网掩码
gateway  192.168.100.2              //网关，NAT 模式的网关是 192.168.100.2
```

按 Ctrl+O 组合键保存修改，按 Enter 键确认保存文件的路径和名称，按 CtrI+X 组合键退出文档编辑。网卡配置文件修改后需要重启网卡，执行命令"systemctl   restart networking.service"以重启网络服务，使用 ip addr 命令验证 IP 地址是否配置成功，如图 5-13 所示。使用物理机 ping Debian 虚拟机，如图 5-14 所示。

（a）打开网卡配置文件　　　　　　　　　　　（b）添加 IP 信息

（c）重启网络服务 　　　　　　　　　　　（d）验证 IP 地址是否配置成功

图 5-13　修改 IP 地址

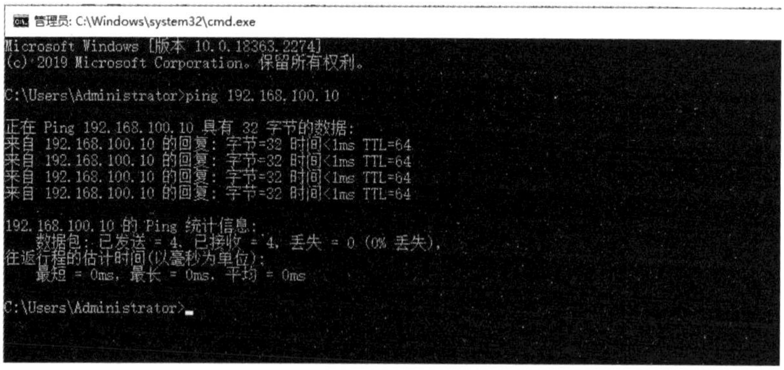

图 5-14　物理机 ping Debian 虚拟机

（3）编辑 DNS 客户机配置文件/etc/resolv.conf，如图 5-15 所示。

打开 DNS 客户端配置文件/etc/resolv.conf。

```
root@debian:/#nano   /etc/resolv.conf
```

在文件后添加 DNS 服务器地址。

```
nameserver 114.114.114.114
```

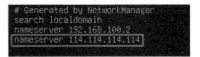

| （a）打开 DNS 客户端配置文件 | （b）添加 DNS 服务器地址 |

图 5-15　添加 DNS 服务器信息

使用 ping 命令测试虚拟机能否连接互联网，测试结果如图 5-16 所示。

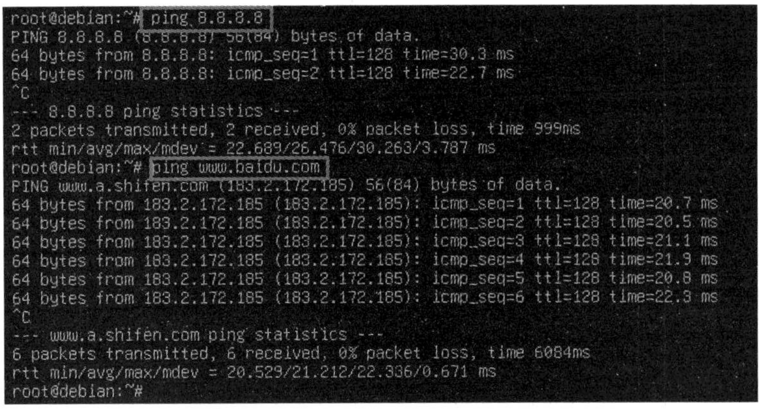

图 5-16　测试结果

步骤 4：创建虚拟机快照。虚拟机快照是一个非常重要且实用的功能，通过创建虚拟机快照，用户可以轻松地管理和恢复虚拟机的数据。如果人为错误、软件错误或其他故障导致问题出现，则可以使用快照功能将虚拟机还原到之前的状态，避免数据丢失或损坏。初学者在学习过程中可对重要配置操作创建快照。创建快照的步骤如下：在 VMware Workstation 主界面中选择"虚拟机"→"快照"→"拍摄快照"选项，如图 5-17 所示，在弹出的对话框中输入快照名称，单击"拍摄快照"按钮。恢复到快照操作与此类似。

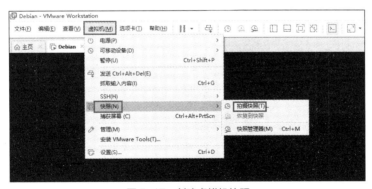

图 5-17　创建虚拟机快照

步骤 5：使用 PuTTY 连接 Debian 操作系统。在网络连通条件下使用 PuTTY 远程管理服务器，如通过 SSH 协议连接 Debian 操作系统，可以在远程终端执行命令和脚本，修改配置文件，查看日志和进程等。

（1）下载和安装 PuTTY。联网搜索或访问 PuTTY 官方网站，下载最新版本的 PuTTY。PuTTY 的安装过程简单，根据提示操作即可。

（2）双击 PuTTY 图标运行该软件，输入远程服务器的 IP 地址"192.168.100.10"，端口默认为"22"，协议默认选择"SSH"，单击"Open"按钮，即可进入登录界面。远程连接 Debian 操作系统不支持以 root 用户身份登录，只能以普通用户的身份登录（普通用户切换为 root 用户时使用 su root 命令）。使用 PuTTY 连接 Debian 操作系统的步骤如图 5-18 所示。

（a）步骤 1

（b）步骤 2

（c）步骤 3

图 5-18　使用 PuTTY 连接 Debian 操作系统的步骤

PuTTY 显示的内容支持复制，后续操作将在 PuTTY 中演示。

步骤 6：安装软件源。由于 Debian 12 操作系统的稳定性和精简性要求，其自身携带的软件包数量较少，很多工具无法从系统直接安装。配置一个国内的镜像源是较好的选择，国内使用较广泛的镜像源有阿里源、清华源、中国科学技术大学源等，下面介绍清华源的安装方法。

配置 Debian 系统-
安装软件源

（1）打开软件源配置文件。

```
root@debian:/#nano  /etc/apt/sources.list
```

（2）使用"#"注释第一行代码，并添加清华源链接。

```
deb https://mirrors.tuna.tsinghua.edu.cn/debian/ bookworm main contrib non-free
non-free-firmware
deb-src https://mirrors.tuna.tsinghua.edu.cn/debian/ bookworm main contrib
non-free non-free-firmware
deb https://mirrors.tuna.tsinghua.edu.cn/debian/ bookworm-updates main contrib
non-free non-free-firmware
```

```
deb-src https://mirrors.tuna.tsinghua.edu.cn/debian/ bookworm-updates main
contrib non-free non-free-firmware
deb https://mirrors.tuna.tsinghua.edu.cn/debian/ bookworm-backports main contrib
non-free non-free-firmware
deb-src https://mirrors.tuna.tsinghua.edu.cn/debian/ bookworm-backports main
contrib non-free non-free-firmware
deb https://mirrors.tuna.tsinghua.edu.cn/debian-security bookworm-security
main contrib non-free non-free-firmware
deb-src https://mirrors.tuna.tsinghua.edu.cn/debian-security bookworm-security
main contrib non-free non-free-firmware
```

（3）保存后退出文件，更新软件源。

```
root@debian:/#apt update
```

（4）至此，软件源安装完成，安装 vim 文本编辑器。

```
root@debian:/#apt install vim
```

以上配置过程如图 5-19 所示。

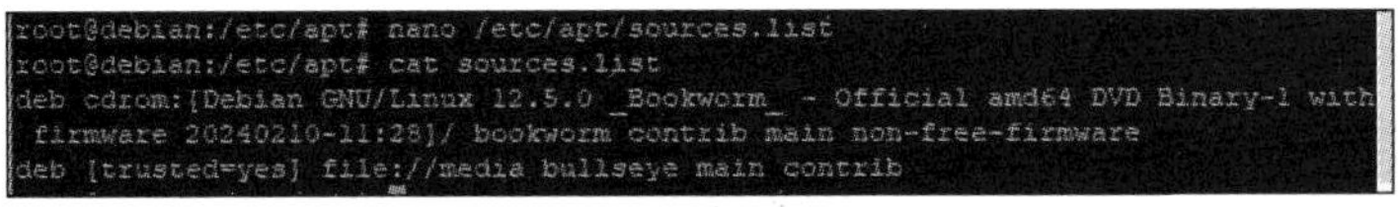

（a）打开软件源配置文件

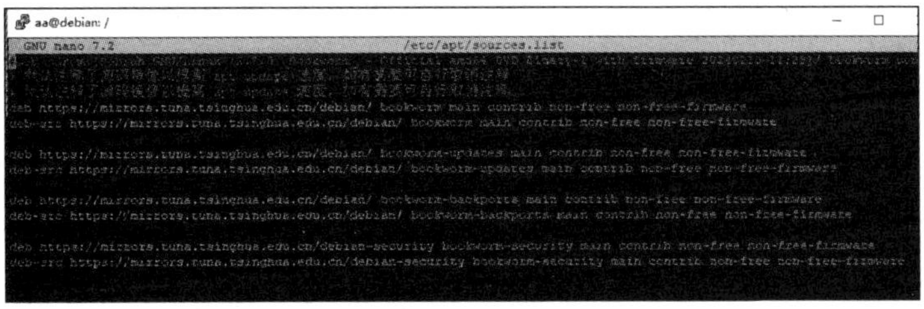

（b）添加清华源链接

（c）更新软件源

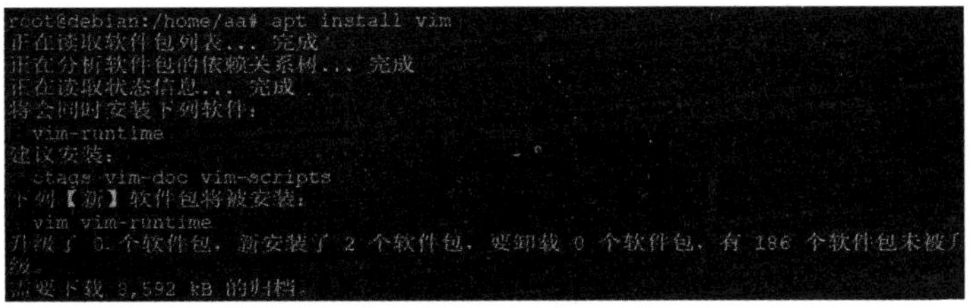

（d）安装 vim 文本编辑器

图 5-19　安装清华源的方法

【任务拓展】创建用户、组和文件

利用 Debian 操作系统完成以下任务。

（1）创建用户 test1、test2、test3，创建组 gp1、gp2，其中 test1 和 test3 是 gp1 的成员，test2 是 gp2 的成员。

（2）用户 test1 创建/mnt/abc/1.txt，文件内容为"Hello,Debian!"。

（3）设置 1.txt 文件的读写权限是文件所有者有读写权限，所属组有读写权限，其他人无任何权限。

（4）将 1.txt 文件所有者更改为 test3。

以上任务旨在让读者熟练掌握用户、组、文件/文件夹的创建、修改、删除命令。

提示：PuTTY 是一种用于远程连接 Linux 操作系统的工具，其本身不提供在远程系统上创建用户和组的功能。在使用 PuTTY 连接 Debian 操作系统后，不能直接在 PuTTY 中创建用户，而是要在 Debian 操作系统中创建用户和组，这通常需要通过系统的命令行界面进行操作。以下步骤中，步骤 1～步骤 3 在系统的命令行界面中完成，步骤 4～步骤 7 在 PuTTY 中完成。

步骤 1：创建用户 test1、test2 和 test3。使用 adduser 命令创建用户，并设置其密码，全名、房间号码、工作电话、家庭电话等信息无须录入，使用默认值即可。创建用户的同时创建与用户同名的组，用户默认加入该组。

```
root@debian:~# adduser  test1                          //创建用户 test1
Adding user 'test1' ...
Adding new group 'test1' (1001) ...
Adding new user 'test1' (1001) with group 'test1 (1001)' ...
Creating home directory '/home/test1' ...
Copying files from '/etc/skel' ...
New password:                                          //设置密码
Retype new password:                                   //确认密码
passwd: password updated successfully
Changing the user information for test1
Enter the new value, or press ENTER for the default
        Full Name []:                                  //设置全名，使用默认值
        Room Number []:                                //设置房间号码，使用默认值
        Work Phone []:                                 //设置工作电话，使用默认值
        Home Phone []:                                 //设置家庭电话，使用默认值
        Other []:                                      //其他，使用默认值
Is the information correct? [Y/n] y                    //确认以上信息是否正确，输入 y
Adding new user 'test1' to supplemental / extra groups 'users' ...
Adding user 'test1' to group 'users' ...
root@debian:/#adduser  test2                           //创建用户 test2，方法与创建 test1 相同
root@debian:/#adduser  test3                           //创建用户 test3，方法与创建 test1 相同
root@debian:~#cat  /etc/passwd                         //创建完成后，查看用户信息
root:x:0:0:root:/root:/bin/bash                        //root 用户信息
```

```
daemon:x:1:1:daemon:/usr/sbin:/usr/sbin/nologin
bin:x:2:2:bin:/bin:/usr/sbin/nologin
//部分内容省略
aa:x:1000:1000:aa,,,:/home/aa:/bin/bash
test1:x:1001:1001:,,,:/home/test1:/bin/bash          //test1 用户信息
test2:x:1002:1002:,,,:/home/test2:/bin/bash          //test2 用户信息
test3:x:1003:1003:,,,:/home/test3:/bin/bash          //test3 用户信息
```

步骤 2：创建组 gp1 和 gp2。使用 addgroup 命令创建组，可通过/etc/group 查看所有组信息。

```
root@debian:~# addgroup  gp1                          //创建组 gp1
Adding group 'gp1' (GID 1004) ...
Done.
root@debian:~# addgroup  gp2                          //创建组 gp2
Adding group 'gp2' (GID 1005) ...
Done.
root@debian:~# cat /etc/group                         //查看所有组信息
root:x:0:                                             //root 组信息
daemon:x:1:
bin:x:2:
sys:x:3:
adm:x:4:
tty:x:5:
//部分内容省略
test1:x:1001:     //创建用户 test1 的同时创建了组 test1，默认 test1 用户属于 test1 组
test2:x:1002:     //创建用户 test2 的同时创建了组 test2，默认 test2 用户属于 test2 组
test3:x:1003:     //创建用户 test3 的同时创建了组 test3，默认 test3 用户属于 test3 组
gp1:x:1004:       //gp1 组信息，组编号是 1004
gp2:x:1005:       //gp2 组信息，组编号是 1005
```

步骤 3：更改用户属组。使用 usermod 命令修改用户属组，其中，参数-u 表示用户编号，参数-g 表示组编号。

```
root@debian:~# usermod  -g  1004  test1    //修改 test1 用户的组编号为 1004
root@debian:~# usermod  -g  1004  test3    //修改 test3 用户的组编号为 1004
root@debian:~# usermod  -g  1005  test2    //修改 test2 用户的组编号为 1005
root@debian:~# cat  /etc/passwd            //通过查看/etc/passwd 来查看所有用户信息
root:x:0:0:root:/root:/bin/bash
daemon:x:1:1:daemon:/usr/sbin:/usr/sbin/nologin
bin:x:2:2:bin:/bin:/usr/sbin/nologin
//部分内容省略
aa:x:1000:1000:aa,,,:/home/aa:/bin/bash
test1:x:1001:1004:,,,:/home/test1:/bin/bash    //test1 的组编号变为 1004，即 gp1 组
test2:x:1002:1005:,,,:/home/test2:/bin/bash    //test2 的组编号变为 1005，即 gp2 组
```

```
    test3:x:1003:1004:,,,:/home/test3:/bin/bash    //test3 的组编号变为 1004，即 gp1 组
```

步骤 4：创建目录。使用 su 命令切换到 test1 用户，使用 mkdir 命令创建文件夹。test1 用户在/mnt 目录下创建文件需要有相应权限，使用 root 身份修改/mnt 的权限，赋予其可读、可写、可执行（777）的权限。

```
root@debian:~# su - test1                    //切换到 test1 用户
test1@debian:~$ cd /mnt                      //切换到/mnt 目录
test1@debian:/mnt$ mkdir abc                 //在/mnt 目录下创建文件夹 abc
mkdir: 无法创建目录 "abc": 权限不够
test1@debian:/mnt$ exit                       //退出 test1 用户
exit
root@debian:/# ls -al                        //列出/目录下的所有文件及文件夹
总计 80
//部分内容省略
drwxr-xr-x   2 root root  4096 Apr 22 22:33 mnt    //所有者可读、可写、可执行
drwxr-xr-x   2 root root  4096 Apr 22 22:33 opt
dr-xr-xr-x 254 root root     0 Apr 23 17:18 proc
drwx------   4 root root  4096 Apr 23 00:01 root
//部分内容省略
root@debian:/# chmod 777 /mnt                //修改/mnt 权限为所有人可读、可写、可执行
root@debian:/# ls -al                        //列出/目录下的所有文件及文件夹
总计 80
//部分内容省略
drwxrwxrwx   2 root root  4096 Apr 22 22:33 mnt    //所有人可读、可写、可执行
drwxr-xr-x   2 root root  4096 Apr 22 22:33 opt
dr-xr-xr-x 254 root root     0 Apr 23 17:18 proc
drwx------   4 root root  4096 Apr 23 00:01 root
//部分内容省略
test1@debian:~$ mkdir /mnt/abc               //test1 用户创建/mnt/abc
```

步骤 5：使用 touch 命令创建文件。test1 用户创建/mnt/abc/1.txt 文件，内容为"Hello,Debian!"。

```
test1@debian:~$ touch /mnt/abc/1.txt         //创建 1.txt 文件
//按 I 键，输入内容，输入完成后按 Esc 键，输入":wq"保存内容并退出文件
test1@debian:~$ vim /mnt/abc/1.txt
test1@debian:~$ cat /mnt/abc/1.txt           //查看 1.txt 文件内容
Hello,Debian!
```

步骤 6：修改文件的权限。

```
test1@debian:~$ cd /mnt/abc                  //切换到/mnt/abc 目录
//查看/mnt/abc 目录下的所有文件和文件夹，总计 12 个文件或文件夹
test1@debian:/mnt/abc$ ls -al
drwxr-xr-x 2 test1 gp1  4096 4月24日 22:24 .
drwxrwxrwx 3 root  root 4096 4月24日 22:18 ..
```

```
//1.txt 文件的所有者是 test1 用户，其属组是 gp1 组，文件权限是所有者可读、可写，其他人只读
-rw-r--r-- 1 test1 gp1   14  4月24日 22:24 1.txt
//修改 1.txt 文件权限为所有者可读、可写，属组成员可读，其他人无任何权限
test1@debian:/mnt/abc$ chmod 640 /mnt/abc/1.txt
//查看/mnt/abc 目录下的所有文件和文件夹
test1@debian:/mnt/abc$ ls  -al
drwxr-xr-x 2 test1 gp1 4096  4月24日 22:24 .
drwxrwxrwx 3 root  root 4096  4月24日 22:18 ..
//1.txt 文件所有者可读、可写，属组成员可读，其他人无任何权限
-rw-r----- 1 test1 gp1   14  4月24日 22:24 1.txt
//切换到 test3 用户进行测试
test1@debian:/mnt/abc$ su  -  test3
密码: test3@debian:~$ cat /mnt/abc/1.txt        //查看 1.txt 文件内容
Hello,Debian!//显示文件内容
test3@debian:~$ su  -  test2//切换到 test2 用户进行测试
密码: test2@debian:~$ cat /mnt/abc/1.txt        //查看 1.txt 文件内容
cat: /mnt/abc/1.txt: 权限不够   //提示无权限，无法查看文件内容
```

步骤 7：修改文件所有者。使用 chown 命令将 1.txt 文件的所有者改为 test3。在 Debian 操作系统中，出于安全性和稳定性的考虑，普通用户默认不允许更改系统文件或目录的所有者，这些操作只在用户有明确权限或者身份为 root 时才能执行。

```
root@debian:/# chown  test3 /mnt/abc/1.txt      //修改 1.txt 文件的所有者
root@debian:/# cd /mnt/abc                      //切换到 1.txt 文件的上一级目录 abc
root@debian:/mnt/abc# ls -al                    //查看目录 abc 下的详细信息
drwxr-xr-x 2 test1 gp1 4096 Apr 24 22:24 .
drwxrwxrwx 3 root  root 4096 Apr 24 22:18 ..
-rw-r----- 1 test3 gp1  14 Apr 24 22:24 1.txt //1.txt 文件的所有者已更改为 test3 用户
```

至此，任务完成。

【习题】

一、应知

1. 选择题

（1）在 Linux 操作系统中，可以使用 getent 命令或通过查看（　　　）文件来查看用户账户信息。

    A．/etc/group   B．/etc/netgroup

    C．/etc/libsafe.notify   D．/etc/passwd

（2）为了把新建立的文件系统挂载到系统目录中，还需要指定该文件系统在整个目录结构中的位置，即（　　　）。

    A．子目录   B．挂载点   C．新分区   D．目录树

（3）Linux 操作系统的根目录是（　　　）。

    A．\   B．/   C．root   D．boot

（4）root 用户的默认提示符是（　　）。

    A.　$　　　　　　　　B.　#　　　　　　　　C.　?　　　　　　　　D.　!

（5）用户编写了一个文本文件 a.txt，要想将该文件名称改为 txt.a，命令（　　）可以实现。

    A.　cd a.txt txt.a　　　B.　echo a.txt > txt.a　　C.　rm a.txt txt.a　　D.　cat a.txt > txt.a

2．判断题

（1）Linux 操作系统安装时自动创建了 root 用户。　　　　　　　　　　　　　　　　（　　）

（2）如果要以图形化模式安装 Debian 操作系统，则直接按 Enter 键即可。　　　　　（　　）

（3）Linux 操作系统中的超级用户为 root，登录时不需要密码。　　　　　　　　　　（　　）

（4）Debian 操作系统使用"ls –all"命令可以列出当前目录中的文件和子目录名。　　（　　）

（5）在 Debian 操作系统中，"cd～"命令会把当前目录切换为用户家目录。　　　　（　　）

二、应会

（1）下载并安装 VirtualBox 虚拟机软件，创建一台名为"Debian-VB"的虚拟机，虚拟机的内存设置为 1GB，硬盘设置为 SCSI 类型，并安装 Debian 操作系统。

（2）DVD 版镜像的 Debian 操作系统提供了图形界面和命令行界面，试说出这两种界面相互切换的方法。

（3）执行命令"ls –l"后，如果一个文件显示为-rwxrwxrwx，则该文件的权限是什么？如何把该文件的权限改为-rwxrw-rw-?

任务2　搭建 DNS 服务

建议学时：4 学时。

【任务描述】

DNS 服务器所提供的服务是将主机名和域名转换为 IP 地址。在企业内部网络中，DNS 服务器可以帮助员工快速访问公司内部资源。例如，一个大型公司中有数百台计算机和多个服务端口需要管理及维护，如果没有一个统一的命名系统，则很难保证所有员工都能够快速找到所需资源。试为公司搭建一台基于 Debian 操作系统的 DNS 服务器，使其能够解析域名，如表 5-3 所示。

表 5-3　域名解析

服务器名称	域名	IP 地址
DNS 服务器	dns.test123.com	192.168.100.10
Web 服务器	www.test123.com	192.168.100.10
文件传输服务器	ftp.test123.com	192.168.100.100
OA 服务器	oa.test123.com	192.168.100.200

【任务分析】

从表 5-3 中可以看出，IP 地址为 192.168.100.10 的主机同时需要 DNS 服务和 Web 服务，DNS 服务器为其他主机提供主域是 test123.com 的域名解析。

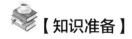【知识准备】

5.2.1　DNS 服务器类型

DNS 服务器分为 3 种类型：主 DNS 服务器（Master DNS Server）、辅助 DNS 服务器（Slave DNS Server）和缓存服务器。

（1）主 DNS 服务器：提供 DNS 服务，并且有自己的区域数据文件。

（2）辅助 DNS 服务器：和主 DNS 服务器一起提供 DNS 服务，主 DNS 服务器上配置信息的修改会同步更新到辅助 DNS 服务器上。

（3）缓存服务器：没有自己的区域数据文件，只是帮助客户端向外部 DNS 服务器请求查询，并将查询结果保存到其缓存中。

在 Linux 操作系统中，DNS 服务是通过伯克利互联网名称域（Berkeley Internet Name Domain，BIND）软件实现的，绝大多数 Linux 操作系统发行版本自带该 DNS 服务器软件。

5.2.2　DNS 配置文件

一个典型的 DNS 服务器包含主配置文件、区域配置文件及缓存文件。在 Debian 操作系统中，默认的 DNS 服务器软件是 BIND，其是一款广泛使用的开源 DNS 服务器软件，核心功能是将域名解析为相应的 IP 地址。DNS 所有的配置文件都在/etc/bind 目录下，主要的配置文件如下。

1. 主配置文件 named.conf

named.conf 定义了所有的全局设置，并指定了哪些域或逆向查找区间由该服务器负责处理。通过编辑此文件，可以添加新的域或者修改现有的域信息。

2. 配置全局选项文件 named.conf.options

named.conf.options 定义了 BIND 全局选项和视图级别的设置，主要包括以下内容。

（1）options 节：默认的全局选项设置，应用于所有视图。

（2）view 节：可以有多个视图定义，每个视图包含一套特定的配置选项，通常用于实现不同的解析策略。

3. 区域配置文件 named.conf.default-zones

named.conf.default-zones 包括默认的正向和反向查找区域的定义，通常包含以下内容。

（1）zone "localhost";：定义了 localhost 的正向查找区域。

（2）zone "0.0.127.in-addr.arpa";：定义了 localhost 的反向查找区域。

（3）zone "255.255.255.255.in-addr.arpa";：定义了广播地址的反向查找区域。

（4）zone "ip6.arpa";：定义了 IPv6 反向查找区域。

（5）zone "example.com";：这通常是一个示例，需要替换为实际的正向查找区域。

4. 正向查找区域配置文件

正向查找区域配置文件名与 named.conf.default-zones 中 zone "localhost"的"file"文件名相同，可先复制示例配置文件 db.empty 作为模板，再根据自己的需要创建新的正向查找区域配置文件。

5. 反向查找区域配置文件

反向查找区域配置文件名与 named.conf.default-zones 中 zone "0.0.127.in-addr.arpa"的"file"文件名相同，可先复制示例配置文件 db.empty 作为模板，再根据自己的需要创建新的反向查找区域配置文件。

6. db.empty 文件

db.empty 是一个由 BIND 服务器提供的示例配置文件，主要包含以下内容。

（1）$TTL：指定记录的有效时间，单位是秒。这是可选的，如果没有指定，则 BIND 会使用默认值。

（2）$ORIGIN：指定后续记录的默认域名扩展名。域名可以是任何有效的域名，但通常设置为 local 以匹配文件名。

（3）@ IN SOA：定义区域的信息记录，包括区域的名称、联系邮箱、序列号、刷新间隔、重试间隔、过期间隔和负缓存超时。

（4）@ IN NS：指定 DNS 区域的名称服务器记录，用于确保 DNS 查询能够正确地路由到负责该区域的服务器上。

（5）@ IN A：定义本地域名的 A 记录，将域名映射到 IP 地址。这里的 IP 地址应该是本地服务器的 IP 地址。

（6）PTR：定义反向查找记录，用于将 IP 地址映射回域名。这部分通常是在反向查找区域配置文件中定义的，而不是 db.local。

5.2.3　DNS 记录类型

DNS 中有不同类型的数据记录，这些记录可以用来解析域名、提供邮件服务、指明区域权威信息等。以下是一些常见的 DNS 记录类型。

（1）A（Address）记录：将域名映射到 IPv4 地址。例如，A 记录可以将 www.test123.com 指向 192.168.100.10。

（2）AAAA（Quad A）记录：将域名映射到 IPv6 地址。随着 IPv6 的普及，越来越多的网站和服务使用 AAAA 记录。

（3）MX（Mail Exchanger）记录：指定负责处理特定域邮件的邮件交换服务器。例如，MX 记录可以指明优先级和邮件服务器地址，以处理 test123.com 的邮件。

（4）NS（Name Server）记录：标识域的授权服务器。当一个域被创建时，至少有两个 NS 记录来保证域的稳定性。

（5）CNAME（Canonical Name）记录：别名记录，用于将一个域名映射到另一个域名，后者可能是实际的主机名或服务位置。

（6）TXT（Text）记录：包含文本数据的记录，通常用于存储描述性信息，对域名进行标识和说明；也可以用于发送者策略框架（Sender Policy Framework，SPF）记录，用于减少垃圾邮件、欺骗邮件和伪造邮件的风险。

（7）PTR（Pointer）记录：反向查找记录，通常用于将 IP 地址映射回域名。例如，PTR 记录可以将指向 test123.com 的 IP 地址的反向查找设置为指向 test123.com。

（8）SRV（Service）记录：用于指定服务的位置，包括服务器的优先级、权重和端口号。

除了上述列出的常见记录类型外，还有许多其他较少使用的记录类型，它们各自服务于特定目的。DNS 记录类型的选择取决于用户想要提供的服务以及需要实现的功能。

【任务实施】安装 DNS 服务器

安装 DNS 服务器

本任务只需按照主服务器配置即可。

步骤 1：安装 DNS 软件包和验证工具。

```
root@debian:~# apt  install  bind9
root@debian:~# apt  install    bind9-utils
```

步骤 2：测试 DNS 服务是否安装成功。

```
root@debian:/etc/bind# systemctl  status  named.service
* named.service - BIND Domain Name Server
    Loaded: loaded (/lib/systemd/system/named.service; enabled; preset: enable>
    Active: active (running) since Sun 2024-04-28 09:36:19 CST; 10min ago
```

步骤 3：配置 4 个 DNS 配置文件。

（1）修改文件/etc/bind/named.conf.options，其中加粗部分为修改后内容。

```
root@debian:~# cd  /etc/bind         //切换到/etc/bind 目录
root@debian:/etc/bind# ls            //查看/etc/bind 目录中的文件
bind.keys db.255   named.conf        named.conf.options
db.0      db.empty named.conf.default-zones rndc.key
db.127    db.local named.conf.local      zones.rfc1918
root@debian:/etc/bind# nano named.conf.options
//修改/etc/bind/named.conf.options
options {
        directory "/var/cache/bind";


        // If there is a firewall between you and nameservers you want
        // to talk to, you may need to fix the firewall to allow multiple
        // ports to talk.  See http://www.kb.cert.org/vuls/id/800113


        // If your ISP provided one or more IP addresses for stable
        // nameservers, you probably want to use them as forwarders.
        // Uncomment the following block, and insert the addresses replacing
        // the all-0's placeholder.
        //设置外部 DNS 查询的转发器
        forwarders {
             192.168.100.10;         //去掉//，改为本机 IP 地址
        };
        //========================================================================
        // If BIND logs error messages about the root key being expired,
        //========================================================================
```

```
            dnssec-validation auto;


            listen-on-v6 { any; };
};
```

（2）修改文件/etc/bind/named.conf.default-zones，加粗部分为修改后内容。

```
root@debian:/etc/bind# nano    named.conf.default-zones
// be authoritative for the localhost forward and reverse zones, and for
// broadcast zones as per RFC 1912
//正向查找区域配置文件
zone "test123.com" {
        type master;
        file "/etc/bind/db.test123.com";
        allow-transfer {any;};                                    //允许 DNS 转发
};


//反向查找区域配置文件
zone "100.168.192.in-addr.arpa" {
        type master;
        file "/etc/bind/db.192.168.100";
};


zone "0.in-addr.arpa" {
        type master;
        file "/etc/bind/db.0";
};


zone "255.in-addr.arpa" {
        type master;
        file "/etc/bind/db.255";
};
```

（3）复制正向查找区域配置文件。

```
root@debian:/etc/bind# cp  -p  db.empty   db.test123.com
root@debian:/etc/bind# nano  db.test123.com
; BIND reverse data file for empty rfc1918 zone
;
; DO NOT EDIT THIS FILE - it is used for multiple zones.
; Instead, copy it, edit named.conf, and use that copy.
;
$TTL    86400
@    IN   SOA   test123.com.  root.test123.com. (          //DNS 本地域名
```

```
                              1            ; Serial
                          604800           ; Refresh
                           86400           ; Retry
                         2419200           ; Expire
                           86400 )         ; Negative Cache TTL
;
@       IN      NS      ns.test123.com.
ns      IN      A       192.168.100.10
dns     IN      A       192.168.100.10                          //域名解析为A记录
www     IN      A       192.168.100.10
ftp     IN      A       192.168.100.100
oa      IN      A       192.168.100.200
```

（4）复制反向查找区域配置文件。

```
root@debian:/etc/bind# cp  -p  db.empty   db.192.168.100
root@debian:/etc/bind# nano   db.192.168.100
; BIND reverse data file for empty rfc1918 zone
;
; DO NOT EDIT THIS FILE - it is used for multiple zones.
; Instead, copy it, edit named.conf, and use that copy.
;
$TTL    86400
@       IN      SOA     test123.com.  root.test123.com. (          //DNS 本地域名
                              1            ; Serial
                          604800           ; Refresh
                           86400           ; Retry
                         2419200           ; Expire
                           86400 )         ; Negative Cache TTL
;
@       IN      NS      ns.test123.com.
10      IN      PTR     ns.test123.com.                 //添加 IP 地址并解析为域名 PTR 记录
10      IN      PTR     dns.test123.com.
10      IN      PTR     www.test123.com.
100     IN      PTR     ftp.test123.com.
200     IN      PTR     oa.test123.com.
```

（5）重启 DNS 服务。

```
root@debian:/etc/bind# systemctl   restart   named        //重启 named 服务
```

步骤 4：测试。

使用物理机或新建一台 Windows 虚拟机作为 DNS 客户端进行测试，设置"首选 DNS 服务器"的 IP 地址为 DNS 服务器的 IP 地址，如图 5-20 所示。使用 nslookup 命令进行域名解析，图 5-21 是域名 www.test123.com 解析成功的效果。

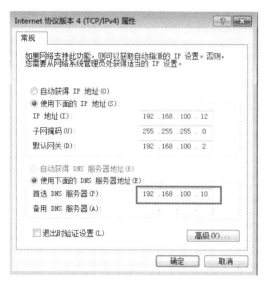

图 5-20　设置"首选 DNS 服务器"的 IP 地址　　　图 5-21　域名 www.test123.com 解析成功的效果

【任务拓展】设置防火墙

对基于 Debian 的操作系统来说，正确配置防火墙可以提高系统的安全性和稳定性，这是非常重要的。可以使用简易防火墙（Uncomplicated Firewall，UFW）设置防火墙。以下是设置防火墙的基本步骤。

步骤 1：安装 UFW。

```
root@debian:~# apt-get  install  ufw
```

步骤 2：启用 UFW。

```
root@debian:~# ufw  enable
Command may disrupt existing ssh connections. Proceed with operation (y|n)? y
//可能会中断现有的 SSH 连接，继续操作
Firewall is active and enabled on system startup
 //防火墙处于活动状态，并在系统启动时启用
```

步骤 3：设置规则。

（1）允许特定端口（如 SSH 默认端口）的流量通过。

```
root@debian:~# ufw  allow  22/tcp
Rules updated //规则已更新
Rules updated (v6)
```

（2）拒绝特定端口（如 8080 端口）的流量通过或特定 IP 地址的访问。

```
root@debian:~# ufw  deny  8080/tcp
Rules updated
Rules updated (v6)
```

（3）删除规则（如拒绝 8080 端口规则）。

```
root@debian:~# ufw  delete  deny  8080/tcp
```

```
Rules updated
Rules updated (v6)
```

（4）自定义规则（使用其他协议或端口）。

```
root@debian:~# ufw  allow  from  192.168.100.0/24  to  any  port  53
Rules updated
```

步骤 4：查看防火墙状态及规则列表。

```
root@debian:~# ufw  status
Status: active //状态: 活动
To                      Action      From                        //显示 UFW 规则
--                      ------      ----
80                      ALLOW       Anywhere
443                     ALLOW       Anywhere
22/tcp                  ALLOW       Anywhere
53                      ALLOW       192.168.100.0/24
80 (v6)                 ALLOW       Anywhere (v6)
443 (v6)                ALLOW       Anywhere (v6)
22/tcp (v6)             ALLOW       Anywhere (v6)
```

【习题】

一、应知

1. 选择题

（1）在 Linux 操作系统中，DNS 服务器的主配置文件是（　　）。

　　A．/etc/resolv.conf　　　　　　　B．/etc/hosts.conf

　　C．/etc/named.boot　　　　　　　D．/etc/named.conf

（2）在 DNS 的资源记录中，对象类型"A"表示（　　）。

　　A．交换机　　　B．主机　　　C．授权开始　　　D．别名记录

（3）启动 DNS 服务守护进程的命令是（　　）。

　　A．systemctl start httpd　　　　　B．systemctl start httpd

　　C．systemctl start named　　　　　D．systemctl stop named

（4）若 URL 为 http://www.test.edu/index.html，则代表主机名的是（　　）。

　　A．test.edu.cn　　　　　　　　　B．index.html

　　C．www.test.edu/index.html　　　　D．www.test.edu

（5）使用 mkdir 命令创建新的目录时，如果其父目录不存在，则表示先创建父目录的选项是（　　）。

　　A．-m　　　　　B．-d　　　　　C．-f　　　　　D．-p

2. 填空题

（1）DNS 服务器分为 3 种类型:（　　）、（　　）和（　　）。

（2）将域名映射到 IPv4 地址的记录是（　　）记录。

（3）将 IP 地址映射回域名的记录是（　　）。

（4）重启 DNS 服务的命令是（　　　）。

（5）定义正反向查找区域的区域配置文件是（　　　）。

二、应会

（1）查询并记忆 3 个公有的 DNS 服务器地址。

（2）基于 Debian 操作系统搭建一个 IP 地址是 10.10.10.100/24 的 DNS 服务器，解析下列域名。

① 域名为 www.test.com，IP 地址为 10.10.10.11/24。

② 域名为 mail.test.com，IP 地址为 10.10.10.12/24。

将正向查找区域配置文件命名为 db.aa，反向查找区域配置文件命名为 db.bb。

任务 3　搭建 Web 服务

建议学时：4 学时。

 【任务描述】

门户网站是一个很好的向外界展示企业形象和产品的窗口，作为网络管理员的你需要在 Debian 操作系统上搭建一台 Web 服务器，网站主页内容为"Welcome to test123.com!""Have a nice day."，并使用 http://www.test123.com 和 https://www.test123.com 都能访问该网站。

 【任务分析】

主流 Web 服务器有 Apache 和 Nginx（发音为"engine-x"），其中 Apache 的配置文件更接近于文本格式，相对直观，对初学者来说可能更容易理解和修改。本任务即使用 Apache 搭建网站，所有人都能访问默认主页。

 【知识准备】

5.3.1　主流 Web 服务器

Web 服务器一般指网站服务器，常见的 Web 服务器有 Apache、Nginx 和 IIS，它们凭借各自独特的优势在不同的应用场景中发挥着关键作用。

1. Apache

Apache HTTP Server 简称 Apache，是非常流行的 Web 服务器之一，以开源和高度的可配置性著称。Apache 支持多种操作系统平台，拥有丰富的模块体系结构，允许用户根据需求灵活定制功能。此外，其历史悠久且社区活跃度高，大量的文档和社区支持使得 Apache 在故障排除及维护方面具有显著优势。然而，尽管 Apache 性能稳定可靠，但相较于其他 Web 服务器，它的资源消耗较高。

2. Nginx

Nginx 以高性能、低资源消耗及出色的并发连接处理能力闻名，尤其适合服务于静态内容或反向代理大型动态网站。Nginx 采用多线程异步非阻塞方式设计，其在响应速度和效率上领先于很多同类产品。同时，Nginx 因其优秀的稳定性而经常被部署于负载均衡和 SSL 加速场景。

3. IIS

IIS 是微软公司开发的 Web 服务器，其只能在 Windows 操作系统上运行。IIS 的优势在于与其他微软产品（如 ASP.NET 等）的集成。同时，ISS 支持 SSL/TLS 加密和虚拟主机等功能。

5.3.2 Apache 服务器的重要文件

在 Debian 操作系统中，Apache 服务器的工作与多种重要文件相关。其中，它的主配置文件通常位于/etc/apache2 目录。以下是一些主要的配置文件及其作用。

（1）/etc/apache2/apache2.conf：主配置文件，包含大部分配置指令，该文件包括服务器根目录、多用途互联网邮件扩展（Multipurpose Internet Mail Extensions，MIME）类型、访问控制、日志配置等内容。该文件对全局生效。

（2）/etc/apache2/ports.conf：此文件包含 Apache 监听的端口号和协议（HTTP/HTTPS）配置。

（3）/etc/apache2/sites-available：此目录包含可用的虚拟主机配置文件，各个扩展名为.conf 的文件用来具体定义每台虚拟主机的详细配置情况。当创建一个新的虚拟主机配置时，应该把配置文件放在这里。

（4）/etc/apache2/sites-enabled：当使用 a2ensite 命令启用一个虚拟主机配置时，sites-enabled 目录下会创建一个符号，以链接到 sites-available 目录下相应的配置文件。

（5）/etc/apache2/envvars：此文件包含环境变量配置，这些环境变量会影响 Apache 的运行方式和行为。

（6）/etc/default/apache2：此文件包含启动脚本在启动 Apache 时使用的默认配置。

除主配置文件外，Apache 服务器还包含以下 3 种重要文件。

（1）/var/www/html/index.html：默认网站主页。

（2）/var/log/apache2/access.log：访问日志文件，用于记录对服务器的所有 HTTP 请求。

（3）/var/log/apache2/error.log：错误日志文件，用于记录 Apache 服务器在 Debian 操作系统中运行时遇到的错误信息。

5.3.3 HTML 文档的基本结构

HTML 是一种标记语言，通过一系列标签来定义网页中的各个组成部分。一个基本的 HTML 文档包含<!DOCTYPE html>声明、<html>、<head>和<body>等元素。以下是 HTML 文档的基本结构。

```
html
<!DOCTYPE html>
<html lang="en">
<head>
    <meta charset="UTF-8">
    <title>Document Title</title>
    <!-- 这里可以添加其他头部信息，如样式表、JavaScript 文件等 -->
</head>
<body>
```

```
        <!-- 这里是网页的内容 -->
        <h1>Welcome to My Page!</h1>
        <p>This is a paragraph.</p>
        <!-- 更多的 HTML 元素可以放在这里 -->
    </body>
</html>
```

【任务实施】使用 Apache 搭建 Web 服务

步骤 1：安装和启动 Apache 服务。

```
root@debian:/etc/bind# apt install apache2 -y        //安装 Apache 软件包
root@debian:/etc/bind# systemctl start apache2       //启动 Apache 服务
root@debian:/etc/bind# systemctl status apache2      //检查 Apache 服务启动状态
* apache2.service - The Apache HTTP Server
    Loaded: loaded (/lib/systemd/system/apache2.service; enabled; preset: enab>
    Active: active (running) since Mon 2024-04-29 22:52:10 CST; 37s ago
    //Apache 服务处于活动状态
      Docs: https://httpd.apache.org/docs/2.4/
  Main PID: 5060 (apache2)
     Tasks: 55 (limit: 2244)
    Memory: 11.4M
       CPU: 100ms
```

步骤 2：配置默认主页。Apache 服务器的主目录是/etc/var/html，默认主页 index.html 位于该目录中，修改默认主页的内容。

```
root@debian:/etc/apache2/ssl# cd  /var/www/html/
root@debian:/var/www/html# ls
index.html
root@debian:/var/www/html# nano  index.html          //编辑默认主页，替换为以下内容
<html>
<!DOCTYPE html>
<html lang="en">
<head>
    <meta charset="UTF-8">
    <title>Document Title</title>
    </head>
<body>
    <h1>Welcome to test123.com!</h1>
    <p>Have a nice day.</p>
    </body>
</html>
```

步骤 3：重启 Apache 服务。

```
root@debian:/var/www/html# systemctl  restart  apache2
```

步骤 4：使用 HTTP 方式访问默认主页。使用物理机或新建一台 Windows
虚拟机作为客户端进行测试，设置"首选 DNS 服务器"的地址（IP 地址为
192.168.100.10）为 DNS 服务器地址，设置方法如图 5-20 所示。在客户端打开
浏览器后，分别使用 IP 地址和域名访问默认主页，测试效果如图 5-22 所示。

使用 HTTP 方式
访问默认主页

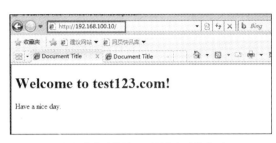

（a）客户端使用 IP 地址访问默认主页   （b）客户端使用域名访问默认主页

图 5-22 客户端访问默认主页

步骤 5：配置 HTTPS 加密传输。在 Debian 操作系统中，要实现 HTTPS 加密传输，即使用安
全的 HTTP 连接，也需要一个 SSL 证书。以下是设置 HTTPS 的步骤。

（1）安装 OpenSSL 软件包。

```
root@debian:/etc/bind# apt  install  openssl  -y
```

（2）启用 SSL 模块。

```
root@debian:/etc/bind# a2enmod  ssl
```

（3）配置自签证书。

① 生成私钥。

```
root@debian:/etc/bind# mkdir  -p  /etc/apache2/ssl          //创建文件夹 ssl
root@debian:/etc/bind# cd  /etc/apache2/ssl                 //切换到 ssl 目录
root@debian:/etc/apache2/ssl# openssl  genrsa  -out  server.key 2048
//生成一个 2048 位的密钥并将其保存为 server.key 文件
```

② 生成证书签名请求。

```
root@debian:/etc/apache2/ssl# openssl req  -new -key server.key -out
server.csr
You are about to be asked to enter information that will be incorporated
into your certificate request.
What you are about to enter is what is called a Distinguished Name or a DN.
There are quite a few fields but you can leave some blank
For some fields there will be a default value,
If you enter '.', the field will be left blank.
Country Name (2 letter code) [AU]:cn      //提供必要的信息，包括域名和组织信息等
State or Province Name (full name) [Some-State]:gx
Locality Name (eg, city) []:nn
Organization Name (eg, company) [Internet Widgits Pty Ltd]:aa
```

```
Organizational Unit Name (eg, section) []:aa
Common Name (e.g. server FQDN or YOUR name) []:www.test123.com     //输入域名
Email Address []:
Please enter the following 'extra' attributes
to be sent with your certificate request
A challenge password []:
An optional company name []:
```

③ 获取证书。

```
root@debian:/etc/apache2/ssl# openssl x509 -req  -days 365 -in server.csr
-signkey server.key -out server.crt    //生成一个有效期为 365 天的自签名 SSL 证书
Certificate request self-signature ok
subject=C = cn, ST = gx, L = nn, O = aa, OU = aa, CN = www.test123.com
```

④ 查看私钥、证书请求和证书是否生成。

```
root@debian:/etc/apache2/ssl# ls
server.crt  server.csr  server.key
```

（4）编辑 SSL 虚拟主机配置文件。

```
root@debian:/etc/apache2/ssl#nano /etc/apache2/sites-available/default-ssl.conf
<VirtualHost *:443>
    ServerAdmin webmaster@test123.com
    ServerName www.test123.com
    DocumentRoot /var/www/html
    SSLEngine on
    SSLCertificateFile /etc/apache2/ssl/server.crt      //指定证书的存放路径
    SSLCertificateKeyFile /etc/apache2/ssl/server.key  //指定密钥的存放路径
    <Directory /var/www/html>
        Options FollowSymLinks
        AllowOverride None
        Require all granted
    </Directory>
    ErrorLog ${APACHE_LOG_DIR}/error.log
    CustomLog ${APACHE_LOG_DIR}/access.log combined
</VirtualHost>
```

（5）启用虚拟主机配置并禁用默认的 HTTP 虚拟主机。

```
root@debian:/etc/apache2/ssl# a2ensite   default-ssl.conf
root@debian:/etc/apache2/ssl# a2dissite   000-default.conf
```

（6）重启 Apache 服务。

```
root@debian:/etc/apache2/ssl# systemctl reload  apache2
```

步骤 6：使用 HTTPS 方式访问默认主页。在客户端打开浏览器并在地址栏中输入"https://www.test123.com"，成功访问默认主页，如图 5-23 所示。

使用 HTTPS 方式
访问默认主页

图 5-23　使用 HTTPS 方式访问默认主页

【任务拓展】使用 phpstudy-linux 面板搭建 Nginx 服务器

　　phpstudy-linux 面板（也称小皮面板，以下简称为 phpstudy）提供了基础的服务器管理功能，如网站管理、数据库管理、FTP 管理及文件管理等。

　　下面介绍如何在 Debian 操作系统中使用 phpstudy 搭建 Linux+Nginx+ MySQL + PHP（LNMP架构）平台。安装 phpstudy 前，需要将系统恢复到未安装 Apache（或 Nginx）、PHP、MySQL 的状态。

　　步骤 1：下载并安装 phpstudy。登录 phpstudy 官方网站，在"Linux 版"模块中找到 Debian 的安装脚本"wget -O install.sh https://notdocker.xp.cn/install.sh && sudo bash install.sh"，如图 5-24 所示，将其复制至 PuTTY 终端并执行，如图 5-25 所示，安装完成后出现图 5-26 所示信息。

图 5-24　phpstudy Debian 安装脚本

root@debian:~# wget -O install.sh https://notdocker.xp.cn/install.sh && sudo bash install.sh

图 5-25　将 phpstudy 复制至 PuTTY 终端并执行

151

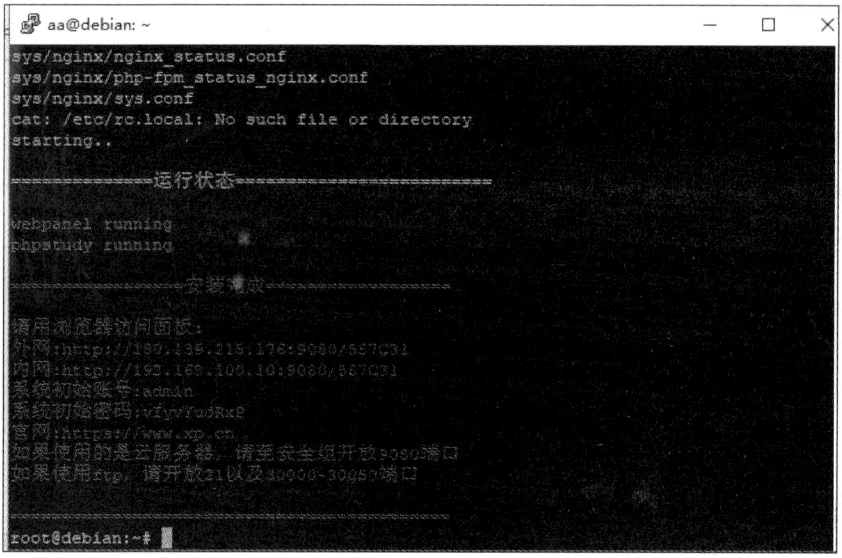

图 5-26　安装完成

步骤 2：登录 phpstudy。根据图 5-26 所示信息，使用浏览器访问 phpstudy。打开浏览器，在地址栏中输入"http://192.168.100.10:9080/557C31"，进入 phpstudy 登录界面，如图 5-27 所示，再输入图 5-26 所示的用户名和密码，登录 phpstudy。

图 5-27　phpstudy 登录界面

步骤 3：搭建 LNMP 环境。登录 phpstudy 后进入"软件许可协议"界面，单击"同意"按钮继续配置，选择相应的 LNMP，如图 5-28 所示，单击"一键安装"按钮（安装需要一些时间），Nginx、PHP 和 MySQL 的安装情况如图 5-29 所示。

图 5-28　选择相应的 LNMP

图 5-29　Nginx、PHP 和 MySQL 的安装情况

步骤 4：发布网站。

（1）为了方便测试，在本地创建一个只包含 index.html 的文件夹 www，并将其压缩为 ZIP 格式。

（2）返回 phpstudy 首页，选择"网站"→网站目录"/www/admin/localhost_80/wwwroot"→"文件上传"→"选择文件"选项，选择"www.zip"文件，单击"打开"按钮，即可上传 www.zip 网站文件，如图 5-30 所示。

（a）找到网站目录

图 5-30　上传 www.zip 网站文件

（b）选择文件

图 5-30　上传 www.zip 网站文件（续）

把鼠标指针放置在"www.zip"处，单击"解压"按钮，如图 5-31 所示，解压缩 www.zip。

图 5-31　解压缩 www.zip

步骤 5：访问网站。打开浏览器，在地址栏中输入"http://192.168.100.10/www/"，访问 index.hmtl 的内容，如图 5-32 所示。

图 5-32　访问 index.html 的内容

至此，在 Debian 操作系统中使用 phpstudy 搭建 Nginx 环境发布网站的任务完成。

【习题】

一、应知

1. 选择题

（1）下列关于 Linux 操作系统用途的说法错误的是（　　　）。

　　A．Linux 操作系统可以作为个人计算机的操作系统使用

B. Linux 操作系统可以作为 Web 服务器使用

C. Linux 操作系统可以作为 E-mail 服务器使用

D. Linux 操作系统不可以看电影及听音乐

（2）HTTP 是（　　　）。

    A. 文件传送协议　　　　　B. 邮件协议　　　C. 远程登录协议　　　D. 超文本传送协议

（3）在 Web 服务器上通过建立（　　　）向用户提供网页资源。

    A. DHCP 中继代理　　　B. 作用域　　　　C. Web 站点　　　　D. 主要区域

（4）静态网页的扩展名一般是（　　　）。

    A. .html　　　　　　　　B. .php　　　　　C. .asp　　　　　　D. .jsp

（5）张三正在访问自己计算机上的网页，此时，他自己的计算机（　　　）。

    A. 是客户端　　　　　　　　　　　　B. 既是服务器端又是客户端

    C. 是服务器端　　　　　　　　　　　D. 既不是服务器端又不是客户端

2. 判断题

（1）Apache 是实现 WWW 服务器功能的应用程序，即通常所说的"浏览 Web 服务器"，在服务器端为用户提供浏览 Web 服务的就是 Apache 应用程序。　　　　　　　　　　　　　　　　（　　　）

（2）HTTP 使用 80 端口，HTTPS 使用 443 端口。　　　　　　　　　　　　　　　（　　　）

（3）Web 是一种基于 C/S 的体系架构。　　　　　　　　　　　　　　　　　　　（　　　）

（4）Web 是一种体系结构，其可以访问分布于互联网主机上的以超链接形式链接在一起的文档。

                                                      （　　　）

（5）Web 全称是 World Wide Web。　　　　　　　　　　　　　　　　　　　　（　　　）

二、应会

（1）按要求搭建 Apache 服务器。

① 服务器 IP 地址设置为 172.18.10.X。

② 编写个人主页 index.html（在/var/www/html 目录下）。

③ 开启 Apache 服务，进行访问测试。

（2）使用 phpstudy-linux 面板搭建 Linux+Apache+MySQL+PHP（LAMP 架构）平台。

【项目小结】

本项目学习了主流 Linux 网络操作系统 Debian 的基本环境配置、DNS 服务器和 Apache 服务器的搭建，该部分内容是本书的重难点之一，是网络管理人员必备的知识、技能。网络服务器除 DNS 和 Apache 外，还有 FTP 服务器、邮件服务器、DHCP 服务器、流媒体服务器等，本书只是简单介绍，若读者感兴趣，可进一步对此进行深入学习。

项目六
维护网络安全

网络安全是国家安全的重要组成部分，国家通常会制定相关的法律、政策并使用技术手段来提升网络整体安全水平，同时保障个人用户的网络安全。同样，个人用户也应该意识到自己的某些行为可能对国家安全产生的影响，并采取适当的措施维护个人网络安全。

本项目介绍计算机网络安全的概念和保护个人计算机的方法。通过学习本项目，读者能熟练安装和配置杀毒软件，制定入侵防范策略，掌握系统备份与恢复的方法。

【项目描述】

某公司为了保障计算机信息系统的安全，防范计算机病毒、黑客攻击等，制定了计算机信息系统管理规定，样例如图 6-1 所示。

> ## XX公司
> # 计算机信息系统管理规定
>
> 一、用户账号管理
> 每位员工拥有唯一的用户账号，通过密码等方式进行身份认证，并定期更改密码。严禁私自泄露账号信息。
> 二、访问控制
> 设置访问权限，用户只能访问其所需的系统和网络资源，禁止未经授权的访问。
> 三、数据备份和恢复
> 定期对关键数据进行备份并存储至安全位置，确保数据遭受病毒攻击或误操作时可以迅速恢复。
> 四、系统更新和补丁管理
> 及时安装和更新操作系统及应用软件的安全补丁，以修复已知漏洞。
> 五、病毒防护
> 安装有效的防病毒软件，定期进行病毒扫描和软件更新。
> 六、防火墙和入侵检测
> 安装防火墙和入侵检测系统，监控网络流量，阻止未授权的访问和攻击。
> 七、媒体安全
> 及时对公司计算机、移动存储设备等中的存储信息进行加密、备份和销毁，防止信息泄露或被恶意篡改。

图 6-1　计算机信息系统管理规定样例

如果你是该公司信息技术部的技术人员,试按照公司的计算机信息系统管理规定检查公司所有员工的计算机设置是否符合要求,并帮助不合规的员工进行调整。

【知识梳理】

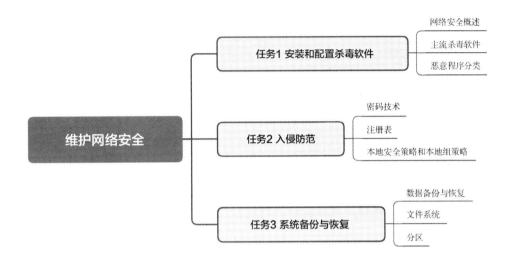

【项目目标】

知识目标	技能目标	素养目标
1. 了解网络安全的概念 2. 了解我国网络安全相关的法律法规 3. 了解我国计算机网络安全等级标准 4. 了解常见的安全威胁和攻击方式	1. 能够使用我国的法律法规进行案例分析 2. 能够熟练配置和更新杀毒软件	树立网络安全防范意识
1. 了解密码技术 2. 熟悉注册表的基本操作、应用、维护 3. 了解本地安全策略和本地组策略的区别	1. 能够设置安全级别高的密码 2. 能够根据应用要求设置注册表 3. 能够设置适当的安全策略防护个人计算机系统	践行维护国家安全的责任担当
1. 了解数据备份与恢复的方法和重要性 2. 了解文件系统类型、磁盘分区类型及它们之间的关系	1. 能够熟练使用 Windows 操作系统自带的系统备份和恢复工具定期进行系统备份(或恢复) 2. 能够熟练设置磁盘分区和格式化	培养严谨、认真的工匠精神

任务 1 安装和配置杀毒软件

建议学时:2 学时。

 【任务描述】

公司为销售部的小王更换了一台笔记本电脑，该笔记本电脑已经安装了 Windows 10 操作系统，请作为信息技术人员的你为其选择一款杀毒软件，以确保其笔记本电脑得到最佳防护。

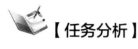 【任务分析】

选择杀毒软件时需要深思熟虑。首先，应考虑杀毒软件对不同病毒、恶意软件及网络威胁的有效检测率；其次，用户界面的易用性以及是否支持自定义扫描选项也至关重要；最后，不可忽视系统资源占用情况，以确保性能不受影响。火绒安全是一款轻便、简洁的杀毒软件，适合普通用户使用。

 【知识准备】

6.1.1 网络安全概述

1. 网络安全的概念

网络安全是保护网络系统免受未经授权的访问、窃取、破坏或干扰的一系列技术和实践。随着人们对互联网的依赖程度不断提高，网络安全已成为维护现代社会基础设施的关键组成部分。以下是网络安全的一些关键内容。

（1）物理安全：保护网络硬件（如服务器、路由器和交换机）免受物理损坏或未经授权的物理访问。

（2）信息安全：保护数据和信息不被非授权人员访问、使用、披露、破坏或丢失。

（3）访问控制：限制对网络资源的访问，只有经过身份验证和得到授权的用户才能访问敏感信息和关键系统。

（4）加密技术：使用加密算法对数据进行加密，确保数据在传输过程中和存储时的机密性及完整性。

（5）防火墙：在网络入口和出口处设立屏障，根据定义好的安全策略允许或拒绝数据包通过。

（6）入侵检测和预防系统：监测网络和系统活动，检测表明可能发生了安全事件的异常行为或迹象。

（7）安全配置和管理：确保所有系统和应用按照最佳安全实践进行配置，包括更新和打补丁。

（8）安全意识教育：培训用户识别和避免安全威胁，如钓鱼邮件、恶意网站和社交工程攻击。

（9）数据备份和恢复：定期备份重要数据，并制订灾难恢复计划，以应对数据丢失或系统崩溃。

（10）法律和伦理：遵守相关的网络安全法律、法规和标准，以及尊重用户的隐私和权利。

网络安全是一个不断演变的领域，随着新的威胁和技术出现，必须持续更新和改进安全措施。无论是个人用户还是企业组织，都应该采取综合性的方法来保护自己的数字资产和信息安全。

2. 网络安全相关法律法规

我国针对网络安全颁布了一系列法律法规，旨在加强网络空间管理，保护个人信息和国家安全。以下是一些主要的网络安全相关法律法规。

（1）《中华人民共和国网络安全法》（2017年6月1日生效）：规定了网络产品和服务的安全要求、网络运营者的安全责任，以及个人信息保护原则；强调了关键信息基础设施的保护，要求采取特殊措施保障国家网络不受攻击、侵入和干扰。

《中华人民共和国网络安全法》中确立了网络安全等级保护制度，这一制度要求对不同重要程度的信息系统实施不同级别的安全保护。根据该制度，信息系统安全保护等级有5级，如表6-1所示。

表6-1 信息系统安全保护等级

安全保护等级	侵害客体和侵害程度
第1级	信息系统受到破坏后，会对公民、法人和其他组织的合法权益造成损害，但不危害国家安全、社会秩序、经济建设和公共利益
第2级	信息系统受到破坏后，会对公民、法人和其他组织的合法权益造成严重损害，或者对社会秩序和公共利益造成损害，但不危害国家安全
第3级	信息系统受到破坏后，会对社会秩序和公共利益造成严重损害，或者对国家安全造成损害
第4级	信息系统受到破坏后，会对社会秩序和公共利益造成特别严重的损害，或者对国家安全造成严重损害
第5级	信息系统受到破坏后，会对国家安全造成特别严重的损害

不同级别的信息系统需要符合相应级别的安全保护要求，包括物理环境安全、网络安全、主机安全、应用安全和数据安全等。企业或组织需要根据等级保护要求采取相应的安全防护措施，并接受相关部门的监督和检查。

（2）《中华人民共和国数据安全法》（2021年9月1日生效）：明确了数据安全保护的基本原则、政府监管职责、数据分类分级保护制度以及数据处理活动的合规要求。数据处理活动包括对数据收集、存储、使用、加工、传输、提供和公开等环节，通过明确数据处理活动的合规要求，保障数据的安全和合法利用，保护个人和组织的合法权益。

（3）《中华人民共和国国家安全法》（2015年7月1日生效）：涵盖网络安全相关内容，强调维护国家安全是每个公民和组织的法定义务，并规定了相应的法律责任。

（4）《中华人民共和国个人信息保护法》（2021年11月1日生效）：规定了个人信息处理的合法性基础、个人信息权益保护以及个人信息跨境流动的相关要求；强调了个人信息处理者应当遵循的原则，包括合法、正当、必要、诚信原则，目的明确、合理原则，公开、透明原则等。

（5）《关键信息基础设施安全保护条例》（2021年9月1日生效）：明确了关键信息基础设施的范围和安全保护的责任主体；规定了关键信息基础设施的运行单位应当采取的安全保护措施，包括风险评估、安全监测、应急处置等。

（6）《网络产品安全漏洞管理规定》（2021年9月1日生效）：明确了网络产品安全漏洞发现、报告、修补和发布的基本流程；要求网络产品提供者履行安全漏洞管理义务，及时修补安全漏洞，告知用户安全漏洞情况并提供必要的技术支持。

这些法律法规共同构成了我国的网络安全法律体系，各企业和组织在开展网络相关活动时必须严格遵守相关法律法规，保障网络安全和用户个人信息安全。违反这些规定的组织和个人可能会承担相应的法律责任并受到处罚。

3. 网络安全标准

我国的网络安全标准是由国家标准化管理委员会、工业和信息化部、公安部等相关部门制定和发布的，用以规范网络安全领域内的技术、管理和实践。以下是一些重要的网络安全标准。

（1）《信息安全技术 网络安全等级保护基本要求》（GB/T 22239—2019）：网络安全等级保护制度的核心标准，对不同级别的信息系统应满足的安全保护要求做出了详细说明。

（2）《信息安全技术 网络安全等级保护测评要求》（GB/T 28448—2019）：提出了等级保护测评的具体要求，帮助测评机构和组织评估其网络安全保护水平是否达到规定的要求。

（3）《信息安全技术 个人信息安全规范》（GB/T 35273—2020）：规定了个人信息的收集、存储、使用、共享、删除等环节的安全要求，与《中华人民共和国个人信息保护法》配套使用。

（4）《信息安全技术 公钥基础设施 PKI 系统安全技术要求》（GB/T 21053—2023）：将公钥基础设施（Public Key Infrastructure，PKI）系统的安全级别划分为基本级和增强级，规定了相应安全级别的安全功能要求和安全保障要求。

（5）《信息安全技术 移动互联网应用程序（App）收集个人信息基本要求》（GB/T 41391—2022）：针对 App 收集、使用、存储、传输、共享、公开等全链条个人信息处理活动，明确了 App 功能划分、App 收集个人信息基本要求，以及常见服务类型 App 必要个人信息范围及其使用要求等内容。

（6）《信息安全技术 网络安全从业人员能力基本要求》（GB/T 42446—2023）：确立了网络安全从业人员分类，规定了各类从业人员具备的知识和技能要求，适用于党政机关、网络运营者、网络安全教育和科研机构等各类组织对网络安全从业人员的使用、培养、评价、管理等。

除了上述标准外，还有涉及网络安全管理、风险评估、安全审计、安全培训等多个方面的网络安全标准。读者可访问国家标准全文公开系统和全国标准信息公共服务平台，了解更多网络安全相关标准。

6.1.2 主流杀毒软件

杀毒软件是个人网络安全的重要防线之一，其能帮助用户抵御各种网络威胁，保护个人数据和隐私安全。选择一款高效的杀毒软件对保障个人数据安全至关重要。首先，有效的杀毒软件需要具备强大的检测能力，能够检测已知及未知病毒，且能及时更新其数据库以便应对新出现的威胁。其次，用户体验与系统兼容性非常重要。好的杀毒软件应该能够在不明显降低计算机性能的情况下运行，并具有直观易操作的界面，使用户能够轻松完成安装、配置和升级等任务。此外，支持用户的操作系统也很关键。再次，需要关注的是功能全面性。除了基本的病毒扫描和清除外，现代杀毒软件往往提供了防火墙、防钓鱼、家长控制等多个附加模块，用户可根据具体需求进行选择。此外，还要考虑价格因素，虽然免费的软件看起来很诱人，但这些产品常常缺乏高级特性或全方位的服务和支持，而付费软件通常提供了更多价值和服务保证，但需注意避免不必要的高价方案。最后，做足功课并试用产品之前不要匆忙决定购买任何东西。许多产品都有免费试用期，在此期间用户可以评估产品的性能和舒适度。

表 6-2 比较分析了市场上主流的 5 款杀毒软件。

表 6-2 市场上主流的 5 款杀毒软件的比较分析

杀毒软件	功能	优点	缺点
360 安全卫士	国内流行的杀毒软件之一，一款综合性的计算机杀毒软件，具有全面的功能，包括防护、病毒查杀、漏洞修复、计算机清理、垃圾清理、软件管理等功能	功能较全、免费	弹窗广告多、捆绑软件多

续表

杀毒软件	功能	优点	缺点
腾讯电脑管家	具备实时防护、病毒木马云查杀、账号保护、漏洞修复及清理加速等全方位的安全管理功能，在打击钓鱼网站和盗号方面表现出色	整体安全防护能力较强、界面简单清爽	病毒查杀能力一般、占用系统资源较多
火绒安全	目前比较流行的杀毒软件，具有防病毒、防木马、防火墙和流量控制等功能，可全面保护网络安全	完全免费、占用资源少、无弹窗广告、操作简单	防护能力稍弱、更新速度相对较慢
金山毒霸	具有较强病毒查杀能力的软件，其可以快速地查杀计算机中的病毒、木马、恶意程序等，保护用户的隐私和数据安全；具有一键清理、系统修复等功能，可以帮助用户快速修复计算机问题	界面设计简洁直观、操作便捷，方便用户快速上手	占用系统资源较多、捆绑软件多
卡巴斯基反病毒软件	国际知名的杀毒软件，以强大的病毒查杀能力和全面的系统保护而受到用户的青睐	查杀能力强、更新速度快	付费（可免费试用 30 天）

值得注意的是，无论选用何种杀毒软件，保持及时更新并辅以谨慎的上网习惯才是防范各类网络安全风险的根本所在。

6.1.3 恶意程序分类

恶意程序是一种恶意软件，其被设计用来对计算机系统、网络或用户造成伤害，或者未经授权获取敏感信息。恶意程序可以有多种形式，下面是一些常见的恶意程序分类。

（1）病毒（Virus）：一种自我复制的程序，其可以将自身附着在其他程序上，并在执行时进行传播。

（2）蠕虫（Worm）：类似于病毒，蠕虫也可以自我复制，但其通常不依赖于宿主程序，而是利用网络漏洞进行传播。

（3）特洛伊木马（Trojan Horse）：假冒合法软件的恶意程序，诱骗用户安装，从而在用户的设备上进行恶意活动，如窃取信息、破坏数据等。

（4）间谍软件（Spyware）：一种监控用户行为并悄悄收集个人信息的恶意软件，通常以广告软件、键盘记录器等形式存在。

（5）广告软件（Adware）：一种会显示广告的软件，通常是在用户不知情的情况下安装的，可能会导致计算机性能下降或用户隐私泄露。

（6）勒索软件（Ransomware）：一种恶意程序，其会加密用户的文件并要求支付赎金以解锁，如 WannaCry、Petya 等。

（7）后门程序（Backdoor）：在系统中创建一个秘密入口的软件，允许攻击者绕过安全措施，远程控制受影响的系统。

（8）僵尸网络（Botnet）：由黑客控制的大量感染了恶意软件的计算机网络，可用于发起分布式拒绝服务（Distributed Denial of Service，DDoS）攻击或其他恶意活动。

（9）文件感染器（File Infector）：主要针对可执行文件的恶意程序，一旦执行就可能修改或损坏文件。

（10）宏病毒（Macro Virus）：使用宏语言编写的病毒，通常感染 Microsoft Office 文档或其他支持宏的应用程序。

【任务实施】安装和使用杀毒软件

相比于其他软件，火绒安全没有广告和软件捆绑。火绒安全除了必备的病毒查杀、系统防护、网络防护功能外，还提供了一些非常实用的工具，包括文件粉碎、启动项管理和弹窗拦截等。

安装和使用杀毒软件

（1）安装软件。登录火绒安全官方网站，单击"火绒安全软件 5.0（个人用户）"右侧的"免费下载"按钮，下载火绒安全软件 5.0，如图 6-2 所示。下载完成后，双击运行该安装程序（见图 6-3），设置安装路径之后，单击"极速安装"按钮即可，如图 6-4 所示。安装完成界面如图 6-5 所示。

图 6-2　下载火绒安全软件 5.0　　　　　　　　图 6-3　火绒安全软件安装程序

图 6-4　设置安装路径

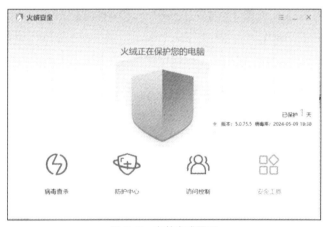

图 6-5　安装完成界面

（2）功能详解与使用技巧。火绒安全的核心功能如下。

① 实时防护：火绒安全软件能进行实时的文件监控，即时检测并阻止病毒和恶意软件侵袭。

② 系统加固：通过优化系统设置，增强系统对抗恶意软件的能力。

③ 网络防护：监控网络活动，阻止恶意网站和钓鱼攻击，确保用户上网安全。

④ 隐私保护：帮助用户管理应用程序的权限，保护用户隐私不被侵犯。

下面介绍日常工作及生活中经常使用的几个功能。

① 病毒查杀。病毒查杀分为全盘查杀、快速查杀和自定义查杀，其中，全盘查杀指执行全盘扫描，检查所有文件和程序，确保没有遗漏任何威胁；快速查杀指快速扫描系统中的关键区域，适用于日常检查；自定义查杀指用户可以指定特定的文件或文件夹进行扫描，针对性地检查疑似威胁。以 U 盘的查杀为例，计算机插入一个 U 盘，单击软件主界面中的"病毒查杀"→"自定义查杀"按钮，选中 U 盘名称，单击"确定"按钮，即可对 U 盘进行病毒扫描，如图 6-6 所示。

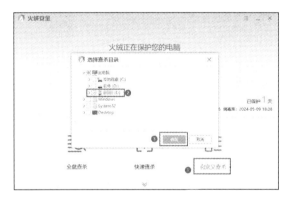

（a）选中 U 盘名称　　　　　　　　　　　（b）进行病毒扫描

图 6-6　U 盘病毒查杀

扫描完成后，单击"查看详情"按钮，查看风险项的具体内容。经过核验后可选择"全部忽略"或"立即处理"处理风险项，其中"全部忽略"表示信任风险项，"立即处理"表示将风险项备份至隔离区。

② 系统加固。软件主界面中的"防护中心"功能模块包含"病毒防护""系统防护""网络防护"，可依次选择这些选项卡，查看不同防护功能的状态（默认所有防护功能都是开启状态），如图 6-7 所示。

图 6-7　"防护中心"功能模块

163

③ 启动项管理。启动项管理功能能有效禁止软件开机自动启动，删除不必要或恶意的启动项，提升开机速度与计算机运行速度，具体操作方法如下：单击火绒安全软件主界面中的"安全工具"→"系统工具"→"启动项管理"按钮，在打开的启动项管理界面（见图6-8）中可以看到有多种程序开启了自动启动功能，找到想要设置的启动项，将其右侧的下拉列表打开，根据需求设置允许启用或者禁止启用。也可以单击右侧的齿轮状的设置按钮，设置忽略此项或者删除此项。最后，在该界面底部可以查看优化的相关记录以及忽略的相关启动项。

图6-8　启动项管理界面

④ 弹窗拦截。弹窗拦截功能可以拦截各种软件和浏览器的弹窗，具体操作方法如下：单击火绒安全软件主界面中的"安全工具"→"系统工具"→"弹窗拦截"按钮，在打开的界面中单击右上方的按钮，开启弹窗拦截功能（开启状态是橙色），在下方列表框中可以根据个人需求拦截指定弹窗，如图6-9所示。

图6-9　弹窗拦截界面

⑤ 文件粉碎。文件粉碎功能可以强制删除或者彻底粉碎文件，具体操作方法如下：单击火绒安全软件主界面中的"安全工具"→"系统工具"→"文件粉碎"按钮，打开文件粉碎界面，将需要粉碎的文件或文件夹拖动到该界面中，单击"开始粉碎"按钮，在弹出的确认对话框中单击"确定"按钮，即可进行粉碎操作，如图 6-10 所示，被粉碎的文件不可恢复。

图 6-10　文件粉碎界面

以上是火绒安全软件的常用功能，更多功能读者可自行查看并使用。

【任务拓展】设置 Windows 操作系统自带防火墙

Windows Defender 防火墙是 Windows 操作系统自带的安全组件，可以监控网络流量，保护计算机不受来自互联网的攻击。下面以 Windows 10 操作系统为例，介绍 Windows Defender 防火墙的使用。

步骤 1：开启 Windows Defender 防火墙。常用的开启 Windows Defender 防火墙的方式有两种，第一种是打开"控制面板"→"系统和安全"→"Windows Defender 防火墙"，开启防火墙；第二种是在系统搜索框中输入"防火墙"或"Windows Defender 防火墙"，开启防火墙。通过搜索方式开启 Windows Defender 防火墙的操作步骤如图 6-11 所示。

步骤 2：禁止指定的应用程序或功能运行。Windows Defender 防火墙通过设置入站规则和出站规则来控制流量：入站规则控制进入计算机的流量，如来自互联网的流量或其他计算机发送的数据包；出站规则控制离开计算机的流量，如从用户计算机发送的数据包或响应请求的流量。以禁止 ping 功能为例，在"Windows Defender 防火墙"界面中单击"高级设置"超链接，打开"高级安全 Windows Defender 防火墙"窗口，在左侧列表框中选择"入站规则"选项，在右侧找到并双击"文件和打印机共享（回显请求 - ICMPv4-In）"（注意：ICMPv4 即互联网控制报文协议版本 4，其是 ping 命令工作的基础），弹出"文件和打印机共享（回显请求-ICMPv4-In）属性"对话框，将"操作"设置为"阻止连接"，单击"确定"按钮，保存设置，如图 6-12 所示。完成上述操作后，计算机即禁止 ping 功能。此时，其他人无法通过 ping 命令检测用户的计算机是否在线。

图 6-11　通过搜索方式开启 Windows Defender 防火墙的操作步骤

图 6-12　Windows Defender 防火墙禁止 ping 功能

步骤 3：关闭指定端口。其具体操作方法如下：在"Windows Defender 防火墙"界面中单击"高级设置"超链接，打开"高级安全 Windows Defender 防火墙"窗口，在左侧列表框中选择"入站规则"选项，单击"新建规则"超链接，弹出"新建入站规则向导"对话框，选中"端口"单选按钮，单击"下一步"按钮，输入需要关闭的端口号（如输入"443"），单击"下一步"按钮，选中"阻止连接"单选按钮，单击"下一步"按钮，选中"何时应用该规则？"选项组中的所有复选框，单击"下一步"按钮，自定义名称，单击"完成"按钮，这样就完成了入站规则的设置，如图 6-13 所示。

（a）设置规则的类型

（b）输入需要关闭的端口号

（c）设置连接条件

（d）设置何时应用规则

（e）设置规则的名称

（f）设置完成后的效果

图 6-13　设置 Windows Defender 防火墙关闭指定端口

【习题】

一、应知

1．选择题

（1）我国（　　　）负责统筹协调网络安全工作和相关监督管理工作。

　　A．公安部　　　　　　　　　　　B．网信部门

　　C．工业和信息化部　　　　　　　D．通信管理部门

（2）App 在申请收集个人信息的权限时，以下说法正确的是（　　　）。

　　A．应同步告知收集使用的目的　　B．直接使用即可

　　C．默认用户同意　　　　　　　　D．在隐秘或不易发现位置提示用户

（3）对于已感染了病毒的 U 盘，最彻底的清除病毒的方法是（　　　）。

　　A．将 U 盘插入计算机后重启计算机

　　B．用杀毒软件进行扫描

　　C．将感染病毒的程序删除

　　D．对 U 盘进行格式化

（4）下列关于计算机病毒的叙述中正确的是（　　　）。

　　A．反病毒软件可以查杀任何种类的病毒

　　B．计算机病毒是一种被破坏了的程序

　　C．反病毒软件必须随着新病毒的出现而升级，提高查杀病毒的功能

　　D．感染过计算机病毒的计算机具有对该病毒的免疫性

（5）使用 360 安全卫士进行杀毒操作时，下列说法中完全正确的是（　　　）。

　　A．360 安全卫士查杀到 80%，但速度很慢，应该没有病毒了，可以结束查杀

　　B．平时启用 360 安全卫士实时监控，计算机运行速度比较慢，可以把监控先停止

　　C．进入安全模式，对所有本地磁盘、系统内存、引导区、关键区域进行查杀

　　D．只对 C 盘进行查杀即可，因为 Windows 操作系统就安装在 C 盘中

2．分析题

事件：安徽铜陵网警依法查处违反《中华人民共和国网络安全法》全省第一案。2017 年 7 月下旬，铜陵一网民金某因对公安机关处置某经济类案件不满，为了给公安机关施加压力，多次在微信群中转发、传播不实信息和谣言，并积极煽动和组织其他网民参加非法集会，造成了较为恶劣的社会影响。铜陵市公安局网安支队巡查发现该情况后，立刻对金某进行了调查取证并将其移交给属地公安机关依法处理。

分析：

（1）案件中的违法行为有哪些？

（2）案件中的违法行为违反了《中华人民共和国网络安全法》哪些条款？

（3）如何处罚？

二、应会

（1）下载和安装杀毒软件——腾讯电脑管家，设置及使用安全防护、系统加速和清理、计算机诊所、软件管理、实时监控和防护、兼容性检查、温度控制和广告过滤功能。

（2）安装和试用 3 或 4 款杀毒软件，总结归纳这几款软件的优缺点。

任务2 入侵防范

建议学时：2学时。

【任务描述】

无论是公司的商业机密、客户个人信息还是员工的私人文件，在遭遇黑客入侵后都有可能被窃取并被用于不当目的。这种数据泄露事件不仅会给公司带来经济损失，还可能导致其声誉受损，并面临法律诉讼风险。面对这一系列潜在的危害，每位员工都必须提高警惕，加强网络安全意识教育、实施严格的数据保护措施及策略变得至关重要。作为公司信息技术部门的技术人员，请你制定一个针对计算机系统入侵防范的培训方案，并对全体员工开展技能培训。

【任务分析】

针对所有员工的计算机系统入侵防范技能培训的重点是让每位员工都能够进行系统加固，包括更新补丁、配置安全策略和管理用户权限，理解数据加密技术并知晓密码管理的重要性。

【知识准备】

6.2.1　密码技术

密码技术是一种对信息进行加密和解密的技术。加密即将明文（读得懂的内容）变为密文（读不懂的内容）的过程，与此类似，将密文变为明文的过程被称为解密。加密过程中使用的算法称为加密算法，转换后的数据称为密文。密码技术的主要目的是确保数据的机密性和完整性，以及数据源的真实性（确保数据没有被篡改）。

以下是密码技术的一些关键概念。

1. 密码算法

（1）对称加密：使用同一把密钥进行加密和解密，如 AES、数据加密标准（Data Encryption Standard，DES）等。

（2）非对称加密：使用一对密钥，即公钥和私钥，公钥用于加密，私钥用于解密，如 RSA 算法等。

（3）哈希函数：单向加密函数，常用于生成消息摘要和密码散列，如消息摘要算法第 5 版（Message-Digest Algorithm 5，MD5）、安全散列算法 1（Secure Hash Algorithm 1，SHA-1）等。

2. 密钥管理

密钥是加密算法的参数，是将明文转换成密文的一串字符。密钥的安全保管至关重要，因为如果密钥泄露，那么加密信息的安全性将受到威胁。

3. 密码模式

密码模式是在实际应用中对密码算法进行操作的一种方式，其定义了如何将数据块加密成密文以及如何处理不同数量的数据。不同的密码模式适用于不同的场景，根据需要解决的问题和提供的安全保障不同而有所区别。以下是几种常见的密码模式。

（1）电子密码本模式：最简单的加密模式，每个分组独立加密，不适用于有大量重复数据的情况。

（2）密文分组链接模式：每个明文分组与前一个密文分组进行异或运算后加密，提高了安全性。

（3）计数器模式：将加密后的计数器值作为密钥流来加密明文，效率更高且易于并行处理。

4. 数字签名

数字签名是用于验证消息完整性和来源的技术，通常使用发送者的私钥生成签名，接收者使用公钥验证签名的有效性。

5. 安全套接字层/传输层安全协议

安全套接字层/传输层安全协议广泛应用于网站和网络通信中，为数据传输提供端到端的加密保护。

6. 密码设置规则

密码在日常生活中无处不在，在保护个人隐私、数据安全和财产安全等方面发挥着不可或缺的作用。设置的密码遵循一定的规则时能够增加密码的复杂性和强度，从而提高账户的安全性。以下是一些常见的密码设置规则。

（1）长度：选择一个足够长的密码。通常情况下，密码长度至少应为 8 个字符，但更长的密码（如 12 个或更多字符）更为安全。

（2）复杂性：使用大小写字母、数字和特殊符号的组合，以增加破解密码的难度。

（3）不使用个人信息：避免使用容易被人猜到的个人信息，如生日、姓名、电话号码等。

（4）唯一性：不要为多个网站或服务设置相同的密码。

（5）避免明显的单词：避免使用字典中的明显单词或常用短语，因为黑客可能使用"字典攻击"来尝试破解密码。

（6）使用密码管理器：考虑使用密码管理器来存储和生成复杂的密码，这样用户就不需要记住每个账户的密码了。免费的密码管理器有 360 保险箱、Bitwarden、KeePass 等。

（7）定期更改密码：定期更改密码，特别是在发生数据泄露的情况下。

（8）两步验证（双因素认证）：启用两步验证，即使密码被破解，也需要第二个验证步骤才能访问个人账户。例如，使用短信验证码后，用户登录时需要输入账号、密码和手机接收到的短信验证码，验证通过后才能登录。

（9）物理安全：对于包含敏感信息的设备和账户，确保个人设备（如手机、计算机等）有密码保护，并且不要让他人轻易接触。

（10）避免键盘模式：不要使用简单的键盘模式作为密码，如 qwe、123，这些都是很容易被猜测的密码。

遵循这些规则可以创建更强、更安全的密码，减小账户被入侵的风险。

6.2.2 注册表

注册表（Registry）是 Windows 操作系统的重要组成部分，其是一个分层数据库，用于存储操作系统和应用程序的配置信息。注册表中的数据以树状形式分布，树中的每个节点称为键，每个键可以同时包含子项和数据条目（称为值），如图 6-14 所示。

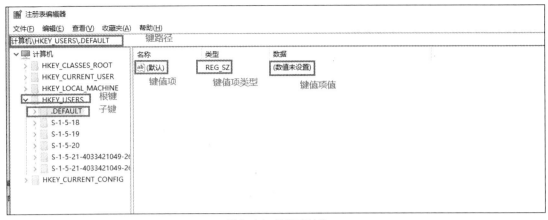

图 6-14　注册表结构

Windows 10 的注册表由以下 5 个主要部分组成。

（1）HKEY_CLASSES_ROOT：包含文件类型关联和 COM 对象相关信息。

（2）HKEY_CURRENT_USER：存储当前用户配置信息。

（3）HKEY_LOCAL_MACHINE：存储本地计算机的配置信息。

（4）HKEY_USERS ：包含所有用户的配置信息。

（5）HKEY_CURRENT_CONFIG：存储当前系统的硬件配置。

注册表对系统的稳定性和安全性至关重要，因此对其进行编辑时应非常小心，不当的操作可能会导致系统不稳定甚至崩溃。

为了方便管理和保护注册表，Windows 操作系统提供了注册表编辑器（Regedit.exe），这是一个图形化工具，允许用户查看、修改和删除注册表中的键值。此外，Windows 操作系统还提供了导出和导入注册表功能，以便于注册表的备份和恢复。

6.2.3　本地安全策略和本地组策略

本地安全策略（Local Security Policy）和本地组策略（Local Group Policy）是两个不同的概念，它们在 Windows 操作系统中具有不同的作用。本地安全策略是 Windows 操作系统的一个组件，用于管理和配置计算机的安全设置。本地组策略可以用来管理用户界面、控制访问权限、设定应用程序的默认行为等。与本地安全策略不同的是，本地组策略更侧重于操作性和个性化，而非纯粹的安全性。

总的来说，本地安全策略专注于安全配置，而本地组策略则侧重于定制化和管理。虽然两者有所区别，但它们都是 Windows 操作系统中重要的管理工具，对维护系统的稳定性和安全性起着关键作用。表 6-3 列举了本地安全策略和本地组策略在功能及访问方式上的区别。

表 6-3　本地安全策略和本地组策略在功能及访问方式上的区别

项目	本地安全策略	本地组策略
功能	密码策略：设置密码的长度、复杂度及过期时间等	软件配置：安装、卸载或限制软件执行
	账户锁定策略：定义尝试登录次数和账户锁定时间等	Windows 组件配置：配置 Windows 组件的行为，如 Internet Explorer、Windows 更新等

续表

项目	本地安全策略	本地组策略
功能	用户权限分配：分配用户或用户组的系统权限和用户权限	用户和系统环境：定制桌面、"开始"菜单、任务栏和其他用户界面选项
	系统审计策略：配置系统审计设置，以跟踪对系统资源的访问和使用	安全选项：包括本地安全策略中的所有安全设置，以及更多与安全相关的配置
访问方式	弹出"运行"对话框，输入"secpol.msc"，按 Enter 键	弹出"运行"对话框，输入"gpedit.msc"，按 Enter 键

【任务实施】配置系统入侵防范策略

本任务从注册表和本地安全策略两个方面进行计算机系统入侵防范设置。

步骤 1：设置注册表。

（1）禁用远程修改注册表服务。Windows 操作系统提供了远程修改注册表的功能，黑客可以利用该功能远程修改注册表信息，因此建议用户关闭该功能。其具体操作方法如下：按 Win+R 组合键，弹出"运行"对话框，输入"services.msc"，按 Enter 键，打开"服务"窗口，如图 6-15 所示。在"服务"窗口中双击"Remote Registry"选项，弹出"Remote Registry 的属性（本地计算机）"对话框，在"启动类型"下拉列表中选择"禁用"选项，单击"启动"按钮，单击"确定"按钮，如图 6-16 所示。

配置系统入侵防范策略

图 6-15 "运行"对话框

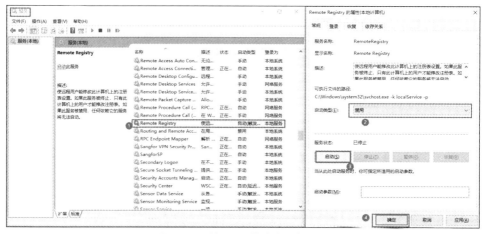

图 6-16 禁用远程修改注册表服务

提示：若要在"服务"窗口中快速找到"Remote Registry"选项，则可先选择任意选项，逐次按 R 键，直至找到"Remote Registry"选项。

（2）关闭默认共享功能。在 Windows 操作系统中，所有磁盘分区都是默认共享的，其目的是方便管理员远程管理，可以在网络中访问计算机的资源。默认共享功能是一个安全隐患，黑客可利用该功能入侵系统，因此建议用户关闭默认共享功能。

① 查看系统开启的默认共享。按 Win+R 组合键，弹出"运行"对话框，输入"cmd"，按 Enter 键，打开命令行窗口（也称 cmd 窗口），输入"net share"，可查看系统开启的默认共享，其中"$"是默认共享符号，如图 6-17 所示。

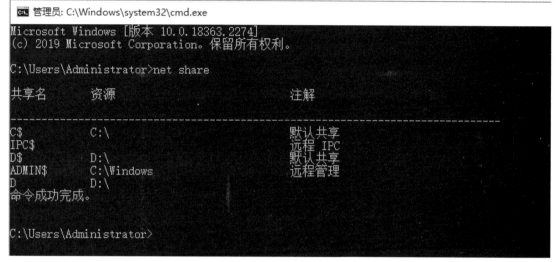

图 6-17　查看系统开启的默认共享

② 打开注册表。在 cmd 窗口中输入"regedit.ext"（或"regedit"），打开注册表。

③ 关闭 C$、D$和 ADMIN$等类型的默认共享。在"注册表编辑器"窗口左侧依次展开 HKEY_LOCAL_MACHINE\SYSTEM\CurrentControlSet\Services\LanmanServer\Parameters 子键，右击右侧空白区域，在弹出的快捷菜单中选择"新建"→"DWORD（32 位）值"命令，将新建的值命名为"AutoShareServer"。双击该值进行编辑，在"数值数据"文本框中输入"0"，单击"确定"按钮。

④ 关闭 IPC$默认共享。在"注册表编辑器"窗口左侧依次展开 HKEY_LOCAL_MACHINE\SYSTEM\CurrentControlSet\Control\Lsa 子键，在"名称"列中双击"restrictanonymous"选项，弹出子键编辑对话框，在"数值数据"文本框中输入"1"，单击"确定"按钮。此操作禁止匿名用户列举本机的用户列表，步骤如图 6-18 所示。要删除 IPC$默认共享，可执行命令"net　share ipc$　/delete"（使用管理员身份打开 cmd 窗口后执行该命令）；也可使用该方法删除 C$、D$和 ADMIN$默认共享。

```
net  share  c$  /delete                           //删除 C$
net  share  d$  /delete                           //删除 D$
net  share  admin$  /delete                       //删除 ADMIN$
```

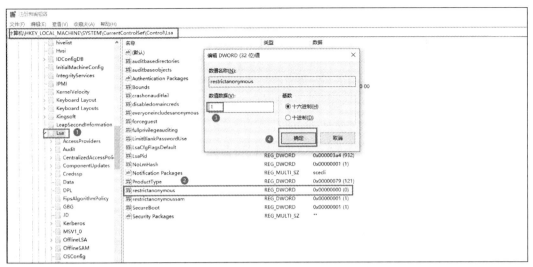

图 6-18　禁止匿名用户列举本机的用户列表

⑤ 重启计算机。完成上述操作后，关闭"注册表编辑器"窗口，并重启计算机以使更改生效。

⑥ 检查默认共享是否删除成功。返回 cmd 窗口，执行命令"net share"查看默认共享，此时默认共享已经全部删除，如图 6-19 所示。

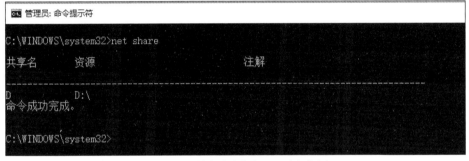

图 6-19　检查默认共享是否删除成功

步骤 2：设置本地安全策略。

（1）设置密码策略。

① 打开本地安全策略编辑器。按 Win+R 组合键，弹出"运行"对话框，输入"secpol.msc"，按 Enter 键，即可打开本地安全策略编辑器。

② 在本地安全策略编辑器中依次打开"安全设置"→"账户策略"→"密码策略"，根据具体情况设置密码长度最小值、密码使用期限等策略，如图 6-20 所示。

a．"密码必须符合复杂性要求"设置为"已启用"（英文小写字母、英文大写字母、数字、特殊符号这 4 个条件取其中 3 个，称为 3/4 原则）。

b．"密码长度最小值"设置为"8 个字符"（范围为 0~14 个字符，0 个字符表示无限制）。

c．"密码最短使用期限"设置为"0 天"（范围为 0~998 天，0 天表示随时更改密码）。

d．"密码最长使用期限"设置为"42 天"（默认为 42 天，范围为 0~999 天，0 天表示永不过期）。

e．"强制密码历史"设置为"2 个记住的密码"（范围为 0~24 个记住的密码，0 个记住的密码表示无限制）。

f. "用可还原的加密来储存密码"设置为"已禁用"。

g. "最小密码长度审核"设置为"8 字符"。

图 6-20　设置密码策略

（2）设置账户锁定策略。

在本地安全策略编辑器中依次打开"安全设置"→"账户策略"→"账户锁定策略"，设置账户锁定阈值，登录失败达到一定次数后锁定。如图 6-21 所示，先修改"账户锁定阈值"，如设置为"3次无效登录"（"账户锁定阈值"无效登录次数范围为 0～999，默认为 0，表示不锁定账号）；再修改"账户锁定时间"，如设置为"1 分钟"（"账户锁定时间"单位为分钟，范围为 0～99999，0 表示必须由管理员手动解锁）；最后修改"重置账户锁定计数器"，如设置为"1 分钟之后"。

图 6-21　设置账户锁定策略

（3）设置不显示上次登录的用户。

在本地安全策略编辑器中依次打开"安全设置"→"本地策略"→"安全选项"，启用"交互式登录：不显示上次登录"，退出登录后，不显示用户名称，在"策略"列中将"交互式登录：不显示上次登录"设置为"已启用"，如图 6-22 所示。"安全选项"组中还有很多安全策略，读者可逐一查看并根据自身需求进行设置。

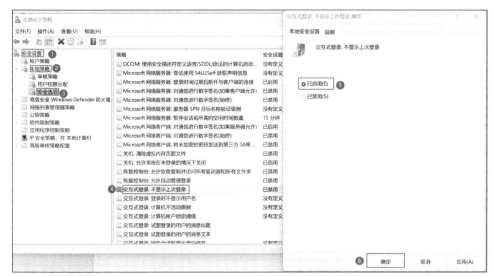

图 6-22　设置不显示上次登录的用户

（4）设置远程关机权限。

在本地安全策略编辑器中依次打开"安全设置"→"本地策略"→"用户权限分配"，将"关闭系统"权限只分配给 Administrators 组，将"从远程系统强制关机"权限只分配给 Administrators 组，如图 6-23 所示，以上操作的目的是防止远程用户非法关闭系统。"用户权限分配"组中还有很多安全策略，读者可逐一查看并根据自身需求进行设置。

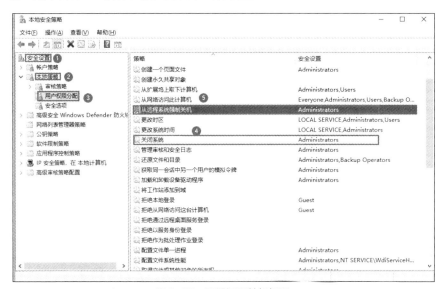

图 6-23　设置远程关机权限

用户在 Windows 11 家庭中文版操作系统中使用 gpedit.msc、secpol.msc 时会报错，导致无法打开本地组策略编辑器和本地安全策略编辑器。以下方法可以解决此问题。

① 新建 1 个文本文档，在文档中输入以下内容。

```
@echo off
pushd "%~dp0"
dir /b C:\Windows\servicing\Packages\Microsoft-Windows-GroupPolicy-
ClientExtensions-Package~3*.mum >List.txt
dir /b C:\Windows\servicing\Packages\Microsoft-Windows-GroupPolicy-
ClientTools-Package~3*.mum >>List.txt
for /f %%i in ('findstr /i . List.txt 2^>nul') do dism /online /norestart
/add-package:"C:\Windows\servicing\Packages\%%i"
pause
```

② 保存该文本文档，并将文件扩展名修改为.cmd。

③ 右击该文件，在弹出的快捷菜单中选择"以管理员身份运行"命令。

④ 按 Win+R 组合键，弹出"运行"对话框，分别输入"gpedit.msc"和"secpol.msc"，打开本地组策略编辑器和本地安全策略编辑器。

【任务拓展】设置移动存储设备的权限

如果不希望他人在个人计算机上使用 U 盘和移动硬盘等存储设备，以保护自己的隐私，则具体该怎么设置呢？此时，可禁止移动存储设备自动运行。

其具体操作方法如下：按 Win+R 组合键，弹出"运行"对话框，输入"gpedit.msc"，按 Enter 键，打开本地组策略编辑器，依次打开"本地计算机策略"→"计算机配置"→"管理模板"→"系统"→"可移动存储访问"，在右侧找到"所有可移动存储类：拒绝所有权限"选项，双击该选项，在打开的"所有可移动存储类：拒绝所有权限"窗口中选中"已启用"单选按钮，单击"确定"按钮，如图 6-24 所示。

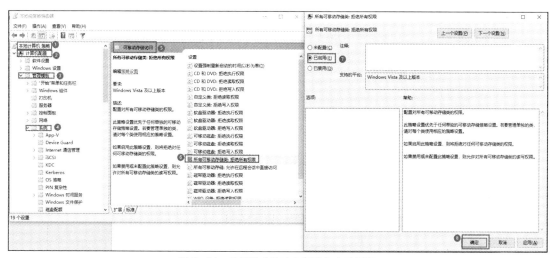

图 6-24　设置禁止移动存储设备自动运行

个人 U 盘在使用过程中，如何拒绝他人修改 U 盘内容呢？

其具体操作方法如下：按 Win+R 组合键，弹出"运行"对话框，输入"gpedit.msc"，按 Enter 键，打开本地组策略编辑器，依次打开"本地计算机策略"→"计算机配置"→"管理模板"→"系统"→"可移动存储访问"，在右侧找到"可移动磁盘：拒绝写入权限"，双击该选项，在打开的"可移动磁盘：拒绝写入权限"窗口中选中"已启用"单选按钮，单击"确定"按钮，如图 6-25 所示。

图 6-25　设置拒绝他人修改 U 盘内容

【习题】

一、应知

1. 选择题

（1）在 Windows 操作系统中，本地安全策略包括配置（　　　）功能。

　　A. 账户策略　　　　　B. 事件日志　　　　　C. 公钥策略　　　　　D. IP 安全策略

（2）Windows 操作系统的（　　　）是影响计算机安全性的安全设置的组合。

　　A. 安全策略　　　　　B. 审核策略　　　　　C. 账号策略　　　　　D. 密钥策略

（3）（多选）在防火墙的安全策略中，必须禁止（　　　）等危险服务，禁止 SNMP 以及 Remote Desktop Services 等远程管理服务。

　　A. Rlogin　　　　　　B. FTP　　　　　　　C. E-mail　　　　　　D. syslog

（4）加强网络安全的最重要的基本措施是（　　　）。

　　A. 设计有效的网络安全策略

　　B. 选择更安全的操作系统

　　C. 安装杀毒软件

　　D. 加强安全教育

（5）密码策略中的密码最长使用期限为（　　　）天。

　　A. 30　　　　　　　　B. 60　　　　　　　　C. 90　　　　　　　　D. 998

2. 判断题

（1）DES 的密钥长度为 128bit。　　　　　　　　　　　　　　　　　　　　　　　　　　（　　　）

（2）可以在注册表、"开始"菜单、msconfig 界面中看到自启动项目。　　　　（　　）

（3）按照安全等级划分方法，定级对象的安全等级从低到高依次为 1～5 级。（　　）

（4）在命令提示符下，删除 IPC$默认共享的命令是"net　share　IPC$　/del"。（　　）

（5）打开本地组策略编辑器的命令是"gpedit.msc"。　　　　　　　　　　　（　　）

二、应会

在 VMware Workstation 虚拟机软件中创建一台 Windows 10 操作系统的虚拟机，并在该虚拟机中设置以下安全策略。

（1）设置密码为 abc12345，密码最短使用期限为 7 天，密码最长使用期限为 14 天。

（2）设置锁定登录尝试失败的次数为 5 次，锁定时间为 2 分钟；重置账号锁定计数器为 5 分钟之后。

（3）创建一个用户 test，所属组为 tests，允许该用户和组远程强制关机，允许 tests 组使用关机命令，允许 test 用户登录本机。

（4）用户必须要按 Ctrl+Alt+Delete 组合键进行登录。

（5）用户密码过期提前为 1 天。

（6）不显示最后的用户名。

任务 3　系统备份与恢复

建议学时：2 学时。

【任务描述】

备份数据是保护企业资产、确保业务连续性以及符合法律法规的必要手段。没有备份的数据一旦丢失，就可能会给个人或组织带来无法估量的损失。公司要求所有员工的办公计算机每个星期进行一次移动存储介质备份。

【任务分析】

Windows 操作系统自带系统备份和恢复工具，这些工具可以帮助用户在不损失数据的情况下还原系统在某个时间点的状态，或者在系统崩溃时进行恢复。这些工具有 Windows 备份和还原、系统映像备份、文件历史、恢复驱动器和系统还原。其中，Windows 备份和还原可以定期备份文件和系统状态，并在需要时对其进行恢复。

【知识准备】

6.3.1　数据备份与恢复

1. 数据备份与恢复的作用

数据备份与恢复是确保数据安全的重要手段。数据备份是指将数据复制到另外的存储介质（如硬盘、光盘、云存储等）上，以便原始数据在发生损坏或丢失时能够恢复；数据恢复则是将备份的数据复制回原来的存储设备，或者恢复到其他设备上。这两个操作如同 VMware Workstation 中的"快照"和"恢复到快照"功能。

2. 数据备份的种类

数据备份的种类可以根据不同的维度来划分，表 6-4 列举了数据备份的种类。

表 6-4　数据备份的种类

划分方法	种类	说明
根据备份内容划分	文件级备份	只备份用户级别的文件，不涉及操作系统或其他系统级组件
	系统级备份	备份整个操作系统，包括系统配置、库文件、系统日志等
	增量/差异备份	基于前一次备份，仅备份变化的数据（增量备份）或自第一次备份后变化的数据（差异备份）
根据备份时间划分	定期备份	按照预设的时间表（如每日、每周、每月）进行备份
	实时备份	持续监控数据变化，并实时同步到备份系统中
根据备份方法划分	软件备份	通过备份软件进行数据备份，如使用 Windows 操作系统自带的工具或第三方备份软件
	硬件备份	通过物理设备进行备份，如磁带驱动器、外部硬盘等
	云备份	将数据存储在云端服务器上，由服务提供商负责维护和管理
根据备份目的划分	恢复型备份	主要用于数据恢复，如灾难恢复
	合规型备份	主要用于满足法规要求，如金融行业的交易记录备份
	分析型备份	主要用于数据分析和商业智能
根据备份所处的位置划分	本地备份	备份数据存放在用户或公司自己的设施内
	远程备份	备份数据存放在远离用户或公司设施的地方，通常是为了防备大规模灾难

为了保证数据的安全性，通常会将备份数据存储在不同的地理位置，以防止自然灾害或人为事故同时影响到主数据和备份数据。此外，会使用加密技术保护备份数据的隐私和完整性。

3. 数据恢复的方法

数据备份与恢复是任何组织和个人都应该实施的基本数据管理策略。无论是个人用户还是企业用户，都应该定期进行数据备份，以避免数据丢失，造成不可估量的损失。

6.3.2　文件系统

学习数据恢复就必须要了解文件系统，文件系统是操作系统对数据进行管理和存储的方式。文件系统为用户提供了一个层次化的目录结构，用于存储、检索、修改和删除文件。文件系统不仅负责存储文件的内容，还负责存储文件的元数据（如名称、类型、创建和修改日期等信息）。

Windows 操作系统支持多种文件系统，其中较常见的两种是 FAT32 和新技术文件系统（New Technology File System，NTFS）。

（1）FAT32 支持的分区大小可达 2TB。由于具有兼容性和简便性，因此 FAT32 目前仍然被用于一些移动存储设备和相机等设备中。

（2）NTFS 是 Windows 操作系统使用的默认文件系统，其支持更大的分区和文件大小，拥有更高级的安全性和权限设置，能更好地支持多线程和多核心处理器。

（3）弹性文件系统（Resilient File System，ReFS）是微软公司为 Windows Server 2012 及之后版

本引入的一种文件系统。设计 ReFS 的主要目的是提高数据的可靠性和存储效率，以更好地适应现代硬件和软件环境。

尽管 ReFS 在某些方面优于 NTFS，但由于它的一些功能尚未成熟，且不完全向下兼容，因此在大多数个人计算机和小型企业环境中，NTFS 仍然是更常用的选择。

6.3.3　分区

1．分区的作用

分区是指将一块物理硬盘划分为几个逻辑存储单位，每个分区可以被操作系统识别为一个独立的驱动器（如 C:和 D:）。分区可使操作系统更加灵活地管理和使用硬盘空间，同时可以提高数据的组织性和安全性。

2．分区的类型

分区可以分为以下几种类型。

（1）主分区：可直接启动的分区，一块硬盘最多可以有 4 个主分区。在传统的主引导记录（Master Boot Record，MBR）分区方式中，这 4 个主分区可以是启动操作系统的地方。全局唯一标识分区表（GUID Partition Table，GPT）分区方式可以支持更多的主分区。

（2）扩展分区：在 MBR 分区方式下，如果已经创建了 4 个主分区，但用户还需要更多分区，则可以创建一个扩展分区。将一个主分区扩展为扩展分区，主分区+扩展分区的总数不能超过 4。扩展分区本身不可用于存储数据，但其可以被进一步划分为多个逻辑分区。

（3）逻辑分区：扩展分区的一部分，用于存储数据。逻辑分区的数量取决于扩展分区剩余的空间大小。与主分区不同，逻辑分区不能被直接启动。

3．分区工具

Windows 操作系统内置了磁盘管理工具，可以用来创建、删除和格式化分区。除此之外，还有第三方工具 Partition Magic 等，这些工具提供了更多的功能，如调整分区大小、迁移操作系统等。

【任务实施】Windows 10/11 操作系统使用备份和还原工具

其具体实现步骤如下。

步骤 1：备份系统。在搜索框中输入"控制面板"并按 Enter 键，打开控制面板，在"系统和安全"窗口中单击"备份和还原（Windows 7）"超链接（注意，虽然超链接的名称以 Windows 7 结尾，但 Windows 备份工具在 Windows 11 和 Windows 10 中仍然可以正常工作）。单击"设置备份"超链接，选择要保存备份的位置（建议使用存储空间较大的 U 盘或移动硬盘），单击"下一步"按钮，选中"让我选择"单选按钮，自定义备份单个文件夹、驱动器（也称磁盘）或库。选中

Windows 10、11
操作系统使用备份
和还原工具

需要备份的数据文件和驱动器，单击"下一步"按钮，查看备份设置，确认是否包含所需的所有驱动器、文件夹、文件及备份位置。检查底部的计划，默认情况下，Windows 将备份设置为"每星期日的19:00"运行，如果想修改或禁用计划，则可单击其右侧的"更改计划"超链接。单击"保存设置并运行备份"按钮，设置备份向导关闭，返回"备份和还原（Windows 7）"界面，可看到正在备份。此过程需要花费一些时间，需耐心等待。如果要停止备份，则可单击备份进度条右边的"查看详细信息"按钮，在打开的窗口中单击"停止备份"按钮。设置系统的备份内容和备份位置如图 6-26 所示。

（a）选择要保存备份的位置

（b）自定义选择备份

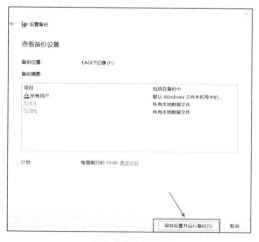

（d）查看备份设置

（c）选择备份的内容

（e）备份进行中

图 6-26　设置系统的备份内容和备份位置

 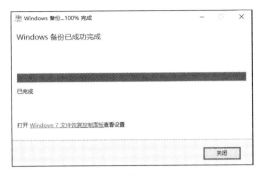

（f）随时停止备份　　　　　　　　　　　　　　　（g）备份完成

图6-26　设置系统的备份内容和备份位置（续）

步骤2：查看备份内容。查看刚才存放系统备份的存储介质（U盘或移动硬盘）的内容，如图6-27所示，备份的系统在文件夹中。

图6-27　查看备份内容

步骤3：还原系统。打开控制面板，在所有控制面板项中单击"备份和还原（Windows 7）"→"还原我的文件"→"浏览文件"按钮，找到存放系统备份的存储介质，选择需要还原的文件或驱动器。单击"添加文件"按钮，选择还原文件的位置，一般选中"在原始位置"单选按钮，单击"还原"按钮。如果还原位置已经包含同名文件，则可根据实际情况选择。其中，"复制和替换"是把旧文件覆盖；"不要复制"是放弃还原；"复制，但保留这两个文件"是保留旧文件，并为还原文件重命名。单击"完成"按钮，完成系统还原。以上操作步骤如图6-28所示。

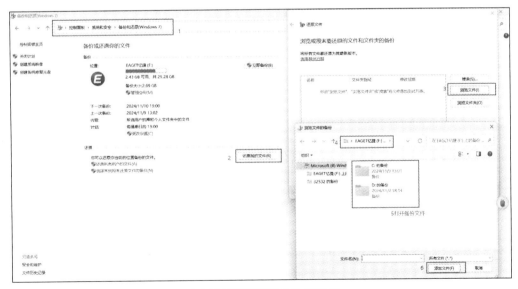

（a）选择需要还原的文件或驱动器

图6-28　设置系统还原

183

（b）选择还原文件的位置

（c）文件还原完成

图 6-28　设置系统还原（续）

【任务拓展】制作 U 盘系统启动盘

当计算机无法正常启动时，可以用 U 盘启动盘来恢复或修复操作系统，这种方式可以帮助用户解决病毒、恶意软件或其他问题导致的系统崩溃问题。学习制作 U 盘系统启动盘对任何计算机用户来说都是有益的，无论是日常维护、硬件更换还是系统恢复，都会用到 U 盘系统启动盘。

制作 U 盘系统
启动盘

其具体实现步骤如下。

步骤 1：创建 ISO 镜像文件。微软公司提供了 Windows 11 操作系统的 ISO 镜像文件供用户下载，用户可以直接从微软官方网站下载 Windows 11 操作系统的 ISO 镜像文件。其具体步骤如下：使用浏览器访问微软官方网站的软件下载中心，在下载 Windows 11 操作系统的页面中找到"下载 Windows 11 磁盘映像 (ISO)"，在"选项下载项"处选择"Windows 11(multi-edition lSO)"或"Windows 11 家庭版（仅限中国）"选项，在"选择产品语言"处选择"简体中文"选项，单击"确认"按钮，待系统验证计算机配置合格后，即可下载 ISO 镜像文件。

Windows 10 操作系统的 ISO 镜像文件的下载可以通过微软官方提供的工具——媒体创建工具（Media Creation Tool）来完成。其具体步骤如下：访问微软官方网站的软件下载中心，在"下载 Windows 10"页面中的"创建 Windows 10 安装媒体"处单击"立即下载"按钮，下载媒体创建工具（截至 2024 年 8 月，该工具最新版本为 MediaCreationTool_22H2.exe）。下载完成后，右击该工具，在弹出的快捷菜单中选择"以管理员身份运行"命令，选中"为另一台电脑创建安装介质（U 盘、DVD 或 ISO 文件）"单选按钮，单击"下一步"按钮，选择所需的语言、体系结构和版本，单击"下一步"按钮，选中"ISO 文件"单选按钮，单击"下一步"按钮，显示"正在下载 Windows 10"，表示该工具创建 ISO 文件需要花费一些时间，进度达到 100%时表示 ISO 镜像文件创建完成，ISO 镜像文件名为 Windows.iso。以上操作步骤如图 6-29 所示。

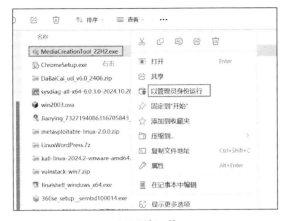

（a）运行工具

（b）选择要执行的操作

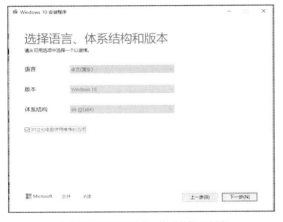

（c）选择所需的语言、体系结构和版本

（d）选择要使用的介质

（e）下载 Windows 10 的过程

（f）下载完成

图 6-29　创建 ISO 镜像文件

步骤 2：格式化 U 盘。创建启动盘的 U 盘建议为空白盘，使用前进行格式化，具体方法如下。
在"计算机"窗口中右击 U 盘，在弹出的快捷菜单中选择"格式化"命令，弹出格式化对话框，文件系统类型设为"NTFS"，单击"开始"按钮，等待格式化完成，如图 6-30 所示。

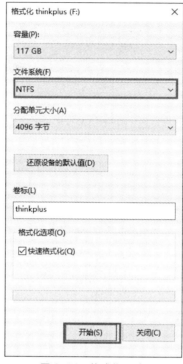

图 6-30　格式化 U 盘

步骤 3：制作 U 盘启动盘。制作 U 盘启动盘的工具有很多，如大白菜、老毛桃、微 PE、魔术师等，这里以大白菜为例进行介绍。登录大白菜官方网站，下载 U 盘启动盘制作工具（截至 2024 年 5 月，该工具的最新版本是 DaBaiCai_v6.0_2404），解压并双击运行应用程序（DaBaiCai.exe）。大白菜会自动检测到 U 盘，并按默认设置开始创建 U 盘启动盘。启动盘制作完成后，把系统 ISO 镜像文件复制至 U 盘启动盘中。以上操作步骤如图 6-31 所示。

（a）下载 U 盘启动盘工具　　　　　　　　（b）设置创建 U 盘启动盘

图 6-31　创建 U 盘启动盘

大白菜U盘 (E:)
NTFS

Windows.iso
DBC

（c）完成 U 盘启动盘的创建　　　　　　　　（d）将系统 ISO 镜像文件复制至 U 盘启动盘中

图 6-31　创建 U 盘启动盘（续）

步骤 4：设置 U 盘启动计算机。使用 U 盘启动快捷键来设置计算机启动，不同品牌的计算机的 U 盘启动快捷键可能不同。一般来说，其包括 F8 键、F9 键、F12 键、Esc 键等。例如，华硕主机使用的是 F8 键，惠普和明基笔记本电脑使用的是 F9 键，七彩虹和微星主机使用的是 F11 键，华为、联想、小米、技嘉笔记本电脑使用的是 F12 键，Mac 笔记本电脑使用的是 Alt 键。U 盘 Windows 预安装环境（Windows Preinstallation Environment，WinPE）界面如图 6-32 所示。

图 6-32　U 盘 WinPE 界面

步骤 5：设置 U 盘启动盘恢复成原来的 U 盘。使用 Windows 操作系统自带的磁盘管理工具格式化 U 盘，具体方法如下。插入 U 盘，按 Win + R 组合键，弹出"运行"对话框，输入"diskmgmt.msc"，按 Enter 键，打开计算机磁盘管理工具，找到 U 盘并右击，在弹出的快捷菜单中选择"删除卷"命令；按 Win+ E 组合键，打开文件资源管理器，右击 U 盘，在弹出的快捷菜单中选择"格式化"命令，格式化完成后，U 盘恢复成原来的状态。

【习题】

一、应知

1. 选择题

（1）一般操作系统安装于（　　　）。

　　A. 主分区　　　　　B. 扩展分区　　　　　C. 逻辑分区　　　　　D. 以上均可以

（2）目前常用的 Windows 操作系统硬盘格式是（　　　）。

    A．FAT16   B．FAT32   C．NTFS   D．ReFS

（3）关于数据备份与数据恢复，下列说法错误的是（　　　）。

    A．数据备份需要制订数据备份计划，而数据被破坏后的恢复计划也是必需的

    B．硬盘损坏后不可以进行数据恢复

    C．重要的数据恢复要找专业人员处理

    D．数据备份需要制订数据备份计划，而数据被破坏后要及时恢复

（4）用户需求如下：每星期需要正常备份，在一周的其他天内只希望备份从上一天到目前为止发生变化的文件和文件夹。他应该选择的备份类型是（　　　）。

    A．正常备份   B．增量备份   C．副本备份   D．差异备份

（5）3 种备份方式在数据恢复速度方面由慢到快的顺序是（　　　）。

    A．完全备份、增量备份、差异备份

    B．完全备份、差异备份、增量备份

    C．增量备份、差异备份、完全备份

    D．差异备份、增量备份、完全备份

2．判断题

（1）一块 1TB 的硬盘最多可以划分 4 个主分区。   （　　）

（2）完全备份、增量备份、差异备份是基本的备份类型。   （　　）

（3）在对文件进行备份前，应把要备份的文件打开。   （　　）

（4）硬盘格式是 NTFS，U 盘格式是 FAT32。   （　　）

（5）diskpart 命令是 Windows 操作系统中的一个命令行工具，其可以协助用户在命令行环境下对磁盘进行分区、格式化、挂载等操作。   （　　）

二、应会

（1）使用老毛桃或微 PE 工具制作 U 盘启动盘，尝试使用 U 盘启动盘重装操作系统。

（2）制作 Windows 10 操作系统 ISO 镜像文件，并利用该文件在 VMware Workstation 虚拟机中创建一台 Windows 10 虚拟机，添加一块 20GB 的虚拟硬盘，使用磁盘管理工具将硬盘划分为两个区（M:和 N:）。

【项目小结】

本项目学习了网络安全的相关概念和我国网络安全方面的法律法规，旨在提高读者的网络安全防范意识。通过安装和配置杀毒软件、配置个人防火墙、备份和恢复系统、制作 U 盘系统启动盘等技能训练，提升个人的计算机系统防护能力。读者必须对网络安全威胁引起重视，不断学习和掌握更多的网络安全知识及技能。